U0231597

湖北省学术著作出版专项资金资助项目
智能制造与机器人理论及技术研究丛书

总主编　丁汉　孙容磊

工业无线传感器网络抗毁性关键技术研究

李文锋　符修文◎著

GONGYE WUXIAN CHUANGANQI WANGLUO

KANGHUIXING GUANJIAN JISHU YANJIU

华中科技大学出版社
http://www.hustp.com

内 容 简 介

无线传感器网络(WSNs)已成为各种工业物联网应用中的核心技术。全书共分为十章,主要针对工业无线传感器网络规模化应用的主要技术瓶颈——抗毁性问题,从复杂网络角度出发,对工业无线传感器网络抗毁性能进行系统深入的研究:网络拓扑演化与优化配置机制;负载-容量模型与优化策略;容错路由选择算法;故障检测与诊断方法;基于移动智能体的智能车间数据传输方案。最后,给出了抗毁性仿真测试平台和工程实验系统。本书可作为计算机、物联网、物流工程、机械制造及自动化等专业高校学生的参考用书,也可供从事工业物联网及复杂网络系统优化研究和从事工业系统控制及智能制造等领域工程开发的科技人员参考。

图书在版编目(CIP)数据

工业无线传感器网络抗毁性关键技术研究/李文锋,符修文著 .—武汉:华中科技大学出版社,2018.2
(智能制造与机器人理论及技术研究丛书)
ISBN 978-7-5680-3589-7

Ⅰ.①工… Ⅱ.①李… ②符… Ⅲ.①工业自动控制-无线电通信-传感器-计算机网络-研究 Ⅳ.①TB114.2

中国版本图书馆 CIP 数据核字(2017)第 318986 号

工业无线传感器网络抗毁性关键技术研究   李文锋
Gongye Wuxian Chuanganqi Wangluo Kanghuixing Guanjian Jishu Yanjiu   符修文   著

策划编辑:俞道凯
责任编辑:刘 飞
封面设计:原色设计
责任校对:祝 菲
责任监印:周治超
出版发行:华中科技大学出版社(中国·武汉)   电话:(027)81321913
          武汉市东湖新技术开发区华工科技园   邮编:430223
录 排:武汉市洪山区佳年华文印部
印 刷:武汉市金港彩印有限公司
开 本:710mm×1000mm 1/16
印 张:14
字 数:238 千字
版 次:2018 年 2 月第 1 版第 1 次印刷
定 价:128.00 元

智能制造与机器人理论及技术研究丛书

专家委员会

主任委员 熊有伦（华中科技大学）

委　　员　（按姓氏笔画排序）

卢秉恒（西安交通大学）　　朱　荻（南京航空航天大学）　　阮雪榆（上海交通大学）

杨华勇（浙江大学）　　　　张建伟（德国汉堡大学）　　　　邵新宇（华中科技大学）

林忠钦（上海交通大学）　　蒋庄德（西安交通大学）　　　　谭建荣（浙江大学）

顾问委员会

主任委员 李国民（佐治亚理工学院）

委　　员　（按姓氏笔画排序）

于海斌（中国科学院沈阳自动化研究所）　　　　王飞跃（中国科学院自动化研究所）

王田苗（北京航空航天大学）　　　　　　　　　尹周平（华中科技大学）

甘中学（宁波市智能制造产业研究院）　　　　　史铁林（华中科技大学）

朱向阳（上海交通大学）　　　　　　　　　　　刘　宏（哈尔滨工业大学）

孙立宁（苏州大学）　　　　　　　　　　　　　李　斌（华中科技大学）

杨桂林（中国科学院宁波材料技术与工程研究所）　张　丹（北京交通大学）

孟　光（上海航天技术研究院）　　　　　　　　姜忠平（美国纽约大学）

黄　田（天津大学）　　　　　　　　　　　　　黄明辉（中南大学）

编写委员会

主任委员 丁　汉（华中科技大学）　　孙容磊（华中科技大学）

委　　员　（按姓氏笔画排序）

王成恩（东北大学）　　　　方勇纯（南开大学）　　　　史玉升（华中科技大学）

乔　红（中国科学院自动化研究所）　孙树栋（西北工业大学）　　杜志江（哈尔滨工业大学）

张定华（西北工业大学）　　张宪民（华南理工大学）　　范大鹏（国防科技大学）

顾新建（浙江大学）　　　　陶　波（华中科技大学）　　韩建达（中国科学院沈阳自动化研究所）

蔺永诚（中南大学）　　　　熊　刚（中国科学院自动化研究所）　熊振华（上海交通大学）

作者简介

► **李文锋** 武汉理工大学二级教授,博士生导师。瑞典皇家工学院自治系统研究中心访问学者,美国新泽西理工大学和美国纽约大学访问教授。湖北省有突出贡献的中青年专家。中国人工智能学会智能制造专业委员会常务委员,中国机械工程学会机器人专业委员会委员,教育部高等学校物流管理与工程类教学指导委员会委员,IEEE 高级会员。主要研究方向为环境感知与系统协作控制,物流自动化与机器人技术,物流供应链仿真与规划,物联网与物流信息化技术,智能制造,人机工程与健康监护。先后承担国家自然科学基金项目、国家"十一五""十二五"科技支撑计划项目、国家"863计划"项目。先后发表科研论文近300篇,专著6本,有100余篇次被三大检索(SCI、EI、ISTP)收录,获国家发明专利10多项。先后获得省部级科技进步一等奖2项、二等奖7项、三等奖1项。

► **符修文** 河南洛阳人,讲师,博士。博士毕业于武汉理工大学机械工程专业,现就职于上海海事大学物流科学与工程研究院。主要研究方向为工业无线传感器网络,已发表论文12篇,其中SCI/EI检索论文8篇,获得国家授权发明专利3项。

 总序

近年来,"智能制造＋共融机器人"特别引人瞩目,呈现出"万物感知、万物互联、万物智能"的时代特征。智能制造与共融机器人产业将成为优先发展的战略性新兴产业,也是中国制造 2049 创新驱动发展的巨大引擎。值得注意的是,智能汽车与无人机、水下机器人等一起所形成的规模宏大的共融机器人产业,将是今后 30 年各国争夺的战略高地,并将对世界经济发展、社会进步、战争形态产生重大影响。与之相关的制造科学和机器人学属于综合性学科,是联系和涵盖物质科学、信息科学、生命科学的大科学。与其他工程科学、技术科学一样,它也是将认识世界和改造世界融合为一体的大科学。20 世纪中叶,《Cybernetics》与《Engineering Cybernetics》等专著的发表开创了工程科学的新纪元。21 世纪以来,制造科学、机器人学和人工智能等领域异常活跃,影响深远,是"智能制造＋共融机器人"原始创新的源泉。

华中科技大学出版社紧跟时代潮流,瞄准智能制造和机器人的科技前沿,组织策划了本套"智能制造与机器人理论及技术研究丛书"。丛书涉及的内容十分广泛。热烈欢迎专家、教授从不同的视野、不同的角度、不同的领域著书立说。选题要点包括但不限于:智能制造的各个环节,如研究、开发、设计、加工、成型和装配等;智能制造的各个学科领域,如智能控制、智能感知、智能装备、智能系统、智能物流和智能自动化等;各类机器人,如工业机器人、服务机器人、极端机器人、海陆空机器人、仿生/类生/拟人机器人、软体机器人和微纳机器人等的发展和应用;与机器人学有关的机构学与力学、机动性与操作性、运动规划与运动控制、智能驾驶与智能网联、人机交互与人机共融等;人工智能、认知科学、大数据、云制造、车联网、物联网和互联网等。

本套丛书将成为有关领域专家、学者学术交流与合作的平台,青年科学家茁壮成长的园地,科学家展示研究成果的国际舞台。华中科技大学出版社将与

施普林格(Springer)出版社等国际学术出版机构一起,针对本套丛书进行全球联合出版发行,同时该社也与有关国际学术会议、国际学术期刊建立了密切联系,为提升本套丛书的学术水平和实用价值,扩大丛书的国际影响营造了良好的学术生态环境。

近年来,各界人士、高校师生、各领域专家和科技工作者对智能制造和机器人的热情与日俱增。这套丛书将成为有关领域专家、学者、高校师生与工程技术人员之间的纽带,增强作者、编者与读者之间的联系,加快发现知识、传授知识、增长知识和更新知识的进程,为经济建设、社会进步、科技发展做出贡献。

最后,衷心感谢为本套丛书做出贡献的作者、编者和读者,感谢他们为创新驱动发展增添正能量、聚集正能量、发挥正能量。感谢华中科技大学出版社相关人员在组织、策划过程中的辛勤劳动。

华中科技大学教授

中国科学院院士

熊有伦

2017 年 9 月

 前言

　　伴随"中国制造 2025"战略的全面实施,我国工业正加速结构调整,淘汰落后产能,使应用信息化、智能化手段推进工业化转型升级的进程日益加快,一股机器人技术应用热潮正在到来。工业物联网作为驱动工业向网络化、智能化升级的重要引擎,它的出现为突破我国工业当前所面临的信息化、智能化发展瓶颈提供了新的机遇。由于具有成本低、组网便捷、布置简便、嵌入能力强、集成方便等优点,无线传感器网络(WSNs)已成为各种工业物联网应用中的核心技术,并将在这场工业信息化革命中发挥至关重要的作用。在工业场景中,由于受到规模巨大、网络异构、传递时延、有向传输等内在因素以及外部环境干扰因素的共同作用,无线传感器网络的工作环境面临着十分严峻的考验,其抗毁性问题已经成为制约工业物联网规模化应用的主要技术瓶颈。如何维持无线传感器网络长时间稳定可靠运行,提升其抗毁性,是国内外学者普遍关注的热点学术问题。当前围绕工业无线传感器网络抗毁性问题,尚有许多关键理论和技术问题待解决和完善。

　　本书依据网络构建流程从四个方面探讨工业无线传感器网络抗毁性能优化:① 在网络初始化阶段,通过对拓扑与容量参数进行优化配置,提升网络抵御随机失效与级联失效的能力;② 在网络运行阶段,通过路由选择优化,实现感知数据的安全可靠传输;③ 在网络维护阶段,通过引入故障检测与诊断机制,解决网络因节点故障状态信息缺失所导致的后期维护难题;④ 在此基础上,面向智能工厂中的移动智能体设备,将车间中的现场总线网络和无线传感器网络集成为一个数据分层传输网络,通过合理运用移动智能体载运数据来提高车间网络的数据传输能力和效率,从而进一步提高网络的抗毁性能。

　　本书主要的内容结构如下:

　　(1) 设计了一种工业无线传感器网络分簇拓扑演化机制。针对无线传感器

网络在复杂工业环境下的拓扑抗毁性难题,构建了一种分簇无标度局域世界演化模型,使所生成的网络拓扑贴近真实工业情形且容错性能较优。基于平均场理论证明了拓扑度分布符合幂律分布。考虑数据传输有向性,构造了一种用于评估网络负载均衡程度的有效测度——有向介数网络结构熵,并基于小世界网络理论提出了一种长程连接布局策略,有效解决了因无标度拓扑度分布异质性所引发的能量空洞问题。

(2)提出了一种面向级联失效的工业无线传感器网络容量优化策略。针对工业无线传感器网络因遭受数据流量冲击所导致的级联失效问题,通过分析真实分簇网络动态负载变化规律,引入感知负载与中继负载概念,构建了一种参数可调的负载——容量模型,并分别研究了分簇无标度网络与分簇随机网络应对级联失效的抗毁性能。基于容量扩充方式,分别给出了扩容对象选择策略与新增容量分配策略,用于提升网络级联失效抗毁性能。

(3)设计了一种工业无线传感器网络容错路由算法。考虑工业场景中的复杂环境因素(如温度、湿度等)对网络路由性能的影响,算法将工业无线传感器网络抽象为人工势场,且势场受环境场、能量场与深度场共同作用。通过构建权重可调的目标场,确保路由在满足低能耗与低延时等关键性能指标的基础上,使所建立的不相交多路径传输路由可动态规避危险环境区域,提升消息路由抗毁性能。

(4)提出了工业无线传感器网络故障检测与诊断算法。为满足工业无线传感器网络对实时故障检测与低延时故障诊断的迫切需求,基于邻近传感器节点数据采集所表现出的趋势相关性,设计了一种分布式故障检测算法,以消除故障检测触发时刻对检测精度的影响。

(5)提出了一种基于人工免疫理论的故障诊断算法,通过抗原分类、抗体库训练、抗体-抗原匹配等一系列步骤完成故障辨识。所提算法在具有较高诊断精度的同时,运算耗时明显缩短,满足工业场景对服务低延时的要求。

(6)提出了一种基于移动智能体的数据分层传输方案。在该方案中,传感器节点收集到的数据首先传输到附近的现场总线节点,然后将现场总线节点中的数据划分为不同的优先级,高优先级数据通过现场总线传输到基站,低优先级数据通过移动智能体传输到基站。该方案可显著提升现场总线的数据传输效率,并明显改善传感器节点的使用寿命。

(7)搭建了工业无线传感器网络抗毁性仿真平台,用于测试所提理论方法。针对工业无线传感器网络抗毁性仿真平台匮乏现状,结合工业无线传感器网络性能明显受环境因素影响与抗毁性行为受事件驱动等特征,引入部署环境组件与事件生成器,构建了一个工业无线传感器网络抗毁性仿真平台。

(8)选取典型工业场景,搭建了一个工业无线传感器网络实验系统,验证了所提理论方法的实际性能。实际测试结果表明:所提理论方法能够有效提升实际工业无线传感器网络系统的抗毁性能。

本书以解决工业无线传感器网络抗毁性问题为目标,研究用于提升网络抗毁性能的相关理论与方法,得到了国家自然科学基金(61571336)和湖北省自然科学基金(2014CFB875)的资助。在全书内容研究与编写过程中,武汉理工大学物流与机器人技术实验室的老师、博士生和硕士生们投入了很大的精力。大家广泛查阅当前工业物联网特别是工业无线传感器网络的国内外最新研究成果,以理论联系实际为准则,注重所提出理论的创新性与方法的实用性,使其能够用于解决实际工程问题。在全书的编写和订正过程中,博士生段莹和罗云做了大量工作,并具体撰写了第 8 章。

在本书的编写和出版过程中,得到了国内外许多专家、学者的热情帮助,也得到了华中科技大学出版社编辑们的大力支持。在此,我们一并致以由衷的感谢。由于时间紧迫,成稿仓促,难免挂一漏万,书中也难免存在不妥甚至错误之处,我们诚恳地希望各位专家读者不吝赐教与指正。这将是我们完善研究成果,推进工程应用的重要途径,对此我们表示诚挚的感谢。

作　者
2017 年 11 月

目录

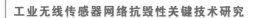

第 1 章

概述

1.1　工业物联网

　　当前全球主要工业化国家为构建全球制造业竞争新优势,无一例外地将工业生产制造智能化作为核心发展方向。如德国提出的"工业 4.0 战略"、美国提出的"先进制造伙伴计划"、中国提出的"中国制造 2025 战略"等。总体而言,尽管各国制造业的基础和特色各有不同,但提升制造业智能化水平的愿景与战略方向基本一致,其核心思想均是围绕现代工业生产的结构网络化、控制分散化、环境宜人化与系统集成化等基本特征,通过应用新一代信息技术与制造技术,实现生产过程智能化、制造资源协同化、制造流程柔性化,提升产品全生命周期服务智能化水平。因此,面对智能制造发展的迫切需求,需要更加智能、互联、协同的全新技术载体,以实现设备的泛在互联、数据集成管理与深度智能应用,在此背景下工业物联网应运而生。工业物联网是指在传统工业网络的基础上融合互联网、局域网、WSN 和现场总线网络等异构网络,将具有感知或者监控能力的各类器件、云计算与边缘计算、移动通信、实时通信等不断融入工业生产的各个环节的网络。简而言之,工业物联网就是利用统一的网络协议栈融合现有各种异构网络协议的一类混杂网络。它不仅具有网络协议转换的功能,而且可以从感知层网络采集到的大量数据中剔除冗余信息,进而利用云计算对网络层的数据进行处理[1,2]。工业物联网可以大幅提升制造效率和信息透明度,改善产品质量,降低产品成本和资源消耗,最终实现传统工业的智能化。

　　作为物联网的一个重要子类,工业物联网将面临更为严苛的要求:

　　(1)工业物联网有更严格的实时性和准确性要求。这也是工业物联网需要面对的技术难点之一。

　　(2)工业物联网的工作条件较为复杂多变,干扰因素多。比如:高温、潮湿、油污、粉尘等环境因素,以及机械振动和电磁干扰等强物理干扰因素。因此,工业物联网对系统可靠性有着更高的要求。

（3）工业制造过程中将产生巨量的异构的动态的数据。这对工业物联网的数据采集能力、传输能力、分析处理能力提出了更高的要求。

（4）工业物联网需要和工业场景中的业务、IT 和 OT 相关软硬件融合。因此，对工业物联网的互联互通互操作有更高的期待。

（5）"中国制造 2025 战略"的快速推进，进一步刺激了智能制造和基于供应链和生产业务的网络化协同需求，如何合理布局工业物联网，通过物联网实现工业生产组织的跨区域多设备多机构协同和优化决策，将是物联网技术如何面对现代工业转型升级和信息革命必须解决的关键问题。

1.2 工业无线传感器网络

工业物联网的目的是实现工业生产制造流程的"泛在感知与智能控制"。不难理解，感知为前提，控制为手段。因此，为确保工业物联网高效运转，首先需要解决的就是如何高效可靠地获取工业现场数据。由于具有成本低、组网便捷、布置简便、嵌入能力强、集成方便等优点，工业无线传感器网络已成为工业物联网数据获取的主要技术手段。

一般类型的无线传感器网络通常由汇聚节点（Sink）和众多传感器节点（Sensor node）构成。传感器节点将所采集的环境数据通过多跳方式发送至汇聚节点，汇聚节点则将数据转发至上层网络（互联网/卫星网络）供用户使用[3,4]，如图 1-1 所示。无线传感器网络因具备低成本、低功耗等优势，在军事、

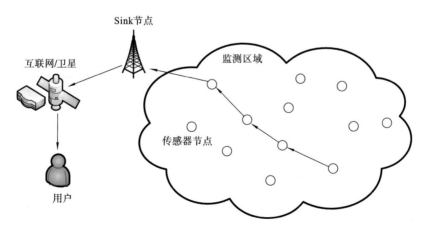

图 1-1 无线传感器网络结构示意图

农业、交通与环保等领域均得到了广泛应用[5~9]。

在工业领域,伴随工业物联网的兴起,无线传感器网络作为感知各个工业环节的"触手",获得的重视程度与日俱增。根据美国权威技术市场分析机构 OnWorld 公司的调研结果[10](见图 1-2),截止至 2015 年,约有 150 万个传感器节点被应用于工业场景,所涉及的具体应用项目总数约为 5000 个。

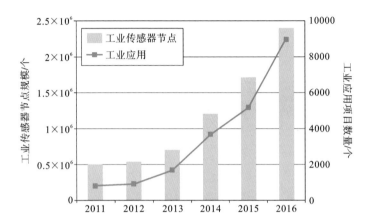

图 1-2　工业无线传感器网络应用规模与预测(数据来源:OnWorld)

为了更好地推动工业无线传感器网络的发展,全球众多工业巨头与知名科研机构均开始积极推进相关工业技术标准的建立,并取得一定成果。目前已制定相关标准包括:WirelessHART、ISA-100.11a、WIA-PA 与 IEEE802.15.4e 等。其中,由 Emerson、ABB 与 Siemens 等欧洲工业巨头提出的 WirelessHART 标准是第一个获得国际电工标准委员会(IEC)认可的国际标准。随后,由 GE 与 Honeywell 等美国工业巨头所推动的 ISA-100.11a 标准也获得 IEC 认可。而由中科院沈阳自动化所主导的 WIA-PA 标准也于 2011 年获得 IEC 认证[11,12]。

与一般无线传感器网络相比,工业无线传感器网络因所在实际工作场景的特殊性,具备以下特征:

(1)工作环境恶劣　在工业生产过程中,普遍存在噪声、废气、粉尘等各种污染。在某些工艺环节还可能存在气温过高、振动过大、冲击剧烈、电磁干扰明显等情况,对无线传感器网络的生存性与稳定性构成挑战。

(2)拓扑复杂度高　完整工业生产过程一般涉及多个不同的工序流程,且每个工序流程通常对应不同生产车间、生产任务、生产设备与实施步骤。因此在工业现场内,无线传感器网络节点布局更为复杂,覆盖范围更为巨大。以往适用于一般场景的简单拓扑组网方式(如星形拓扑)对于工业场景并不适用。因分簇结构具有良好的可扩展性与可实施性,在工业无线传感器网络中应用最为广泛。

(3)数据类型多样　与一般无线传感器网络通常发送文本信息不同,工业无线传感器网络因工业控制需要,通常要求发送包括声音、图像、视频等在内的复杂数据类型。此类数据较文本信息体量更为巨大,对节点/链路的数据流量冲击更为明显,进而对网络传输速率与传输可靠性提出了更高要求。

(4)网络异构　工业场景因复杂度较高,使得工业无线传感器网络通常具有典型的异构特征。比如,就链路而言,因工业现场常已布设有线缆设施,不仅较为成熟可靠,而且布设与使用成本较其他场景相对低廉,使得工业无线传感器网络通常呈现出有线链路与无线链路共存的特征。对于节点而言,工业场景能量供给方式多样,使得部分节点采用有源供电方式成为可能。

(5)数据冗余　工业现场设备布设通常较为密集,因而用于监控设备运行状况的传感器节点密度较一般应用场景更为集中,这极大地增加了节点感知范围重叠的可能,使得在 Sink 节点端所汇聚的数据具有典型的冗余特征。

(6)网络修复需求　工业无线传感器网络通常用于设备状态监控。当节点/链路遭遇故障,将可能导致相关生产服务质量下降或生产任务终止。因此,应在故障发生的第一时间,完成故障检测与诊断,并以此为基础有针对性地制定网络修复策略,避免网络性能进一步下降。

(7)数据传输实时性要求　以制造业为代表的工业场景对数据传输实时性提出了极高的要求。如工业车间内危险气体泄漏监测等任务场景均要求数据能够以最快的速度完成传递,以降低安全事故发生的风险。

1.3　工业场景对传感器网络性能的影响

一般无线传感器网络因规模巨大、成本受限、无线通信等原因,使得网络自身易受周边环境影响。工业环境与一般网络应用环境相比,复杂不确定性明显上升,对无线传感器网络性能的影响也更为明显。本节初步归纳了可对网络性能产生影响的各种工业环境因素[13]:

(1)周边环境对传感器节点与无线传输信号的影响。

工业场景因生产任务需要,周边环境条件较一般场景更为恶劣。高温、高湿、高粉尘、强振动等影响因素普遍存在。高温环境将导致传感器节点内部电子元器件老化速度与故障概率的上升。高湿环境将加快传感器节点内部金属元器件的氧化速度,导致节点生命周期缩短。强振动环境下,长时间工作有可能导致传感器节点内部焊缝开裂或焊点脱开,严重时甚至将导致电子元器件脱落。工业环境下粉尘类型多以机加工所产生的金属粉尘为主。若传感器节点处于高粉尘环境,节点内部粉尘的过度吸入将增加电路短路发生几率。最后,高温与高粉尘环境将加剧无线信号传输的绕射效应,导致信号质量的下降与传输距离的缩短。

(2)工业建筑对无线传输信号的影响。

当无线信号到达两种不同的介质界面,将有部分信号以反射形式停留在第一种介质当中,另一部分信号则以透射形式进入第二种介质。信号强度经此过程衰减明显[14]。对于室外环境,因介质较为均匀,透射作用对信号影响较小。而以工业场景为代表的室内环境,因内部房间阻隔,使得无线信号在远距离传输时需经历多次透射,导致信号质量与传输距离明显下滑。除此之外,当前厂房多采用钢结构,金属材料对无线信号的屏蔽作用更加剧了无线信号衰减。

(3)工业设备对无线传输信号的影响。

在多数工业场景中,通常密集布设有制造加工设备、起重运输机械等生产设施。这些设备对无线信号具有明显的遮挡与反射作用。当这些设备处于运行状态时也将产生明显的强电磁脉冲干扰。除此之外,与无线传感器网络处于同一通信范围内的 WIFI、蓝牙等同频网络将导致网络信道接入质量下降,进而造成网络无线通信性能变差。

综上所述,工业场景中的障碍物、物理环境、环境噪声以及其他共存网络的干扰都将对工业无线传感器网络性能产生明显影响。对于链路而言,将导致传输距离缩短、丢包率与误码率上升。对于节点而言,将导致节点故障概率上升与生命周期缩短。

1.4　工业无线传感器网络抗毁性的定义

"抗毁性(invulnerability)"衡量的是系统可持续稳定提供可靠服务的能力[15]。如在电力网络运行过程中,少数关键变电设施发生故障,其影响将瞬间波及全网。在军事后勤保障网络中,对关键港口或机场展开攻击,将导致整个后勤供给受到威胁,进而可能影响战争进程。特别是伴随人类社会网络化程度的加深,频繁发生的网络事故对人们的工作和生活带来了诸多的不便甚至干扰,因此引起了人们的广泛思考。这些网络到底有多可靠? 一些微不足道的事故隐患是否会导致整个网络系统的崩溃? 在发生严重自然灾害或者敌对势力蓄意破坏的情况下,这些网络是否还能正常运行? 这些也正是网络抗毁性研究所需要面对的问题。

工业无线传感器网络作为一种服务于工业应用的特殊无线传感器网络类型,因所在应用场景的特殊性,使得网络经常会因为软硬件故障、外界环境干扰、外部人为干预等原因导致节点/链路失效。因此,对于工业无线传感器网络而言,抗毁性衡量的就是网络在遭遇以上失效情形时,仍然可以持续稳定提供可靠数据服务的能力。工业无线传感器的网络抗毁性按照失效形式分为容错性与容侵性。容错性是指网络在面临随机失效情形时的可靠性。在工业环境中,随机失效多表现为网络中部件(节点和链路)因能耗或故障等原因所引发的自然失效。容侵性是指网络在遭遇人为干预情形时的可靠性[16]。与随机失效情形相比,人为干预情形中的目标选择对象与范围相对固定。比如,在实际工业场景中,多表现为人为关闭某一类或某一区域的传感器节点。

抗毁性作为决定无线传感器网络能否投入实际工业应用的核心性能指标,抗毁性问题的解决对于突破无线传感器网络在工业领域的规模化应用瓶颈具有十分重要的意义。但由于受到规模巨大、网络异构、传递时延、有向传输等内在因素以及外部环境干扰因素的共同作用,工业无线传感器网络抗毁性行为呈现出明显的复杂不确定性。抗毁性问题也因此成为当前工业无线传感器研究领域的难点。

1.5 研究趋势与存在的问题

1.5.1 研究趋势

当前工业无线传感器网络抗毁性研究主要关注以下三个科学问题。

(1) 造成工业无线传感器失效的原因有哪些?

确定工业无线传感器的失效原因是研究其网络抗毁性的前提,该问题等价于无线传感器网络抗毁性研究中包含哪些具体攻击策略与失效情形。由于工业无线传感器在不同的失效情形下,表现出明显的差异性,因此确定工业无线传感器所在任务场景中造成网络失效的原因,并对其进行数学建模使其尽可能贴近真实场景是我们首先需要重点关注的问题。

(2) 如何度量工业无线传感器的抗毁性能?

抗毁性测度研究是研究工业无线传感器抗毁性的基础。需要通过分析工业无线传感器特点来构建网络抗毁性度量参数,并综合利用图论、概率论、统计物理等理论和方法建立工业无线传感器抗毁性的解析或仿真模型。

（3）如何提升工业无线传感器网络的抗毁性能？

这个问题是工业无线传感器网络抗毁性研究的目标，需要以抗毁性度量参数为基础，通过对工业无线传感器网络宏观与微观结构属性、静态与动态行为的定性和定量分析，确定属性与行为间的相互关联特征，探索研究工业无线传感器网络各种属性与行为对抗毁性的影响，明确工业无线传感器网络应具备的抗毁性要素，为网络抗毁性的设计、优化提供理论依据。

围绕以上三个问题，当前有诸多学者均展开了积极的尝试，并取得了一些成果，但仍存在理论与技术难点亟待攻克。另外，伴随工业无线传感器网络应用的日益广泛与深入，人们对工业无线传感器网络抗毁性能的要求也越来越高。当前及今后的研究趋势将主要着重于以下方面。

（1）考虑节点移动性的异构工业无线传感器网络抗毁性研究。伴随工业场景的不断演化，以 AGV 小车为代表的移动传感器节点的应用趋于广泛，从而将会引发新的抗毁性问题。一方面，动态节点的加入必然会导致网络拓扑与路由不确定性上升，如何降低这种不确定因素对网络抗毁性能的影响是未来亟待解决的关键问题。另一方面，动态节点的加入也为提升网络抗毁性能提供了一种新的思路。如何利用节点移动性达到改善网络抗毁性能的目的值得进一步探索。

（2）复杂工业场景中的网络抗毁性建模研究。网络抗毁性问题的实质是提升网络抵御复杂外部环境因素影响的能力。在当前研究中，通过引入环境因素影响、人为攻击与节点故障等极端情形，所得网络模型较以往研究更为接近真实的工业情形。但对于以工业场景为代表的复杂场景，现有模型仍稍显不足。如何将诸如工况作业、生产调度等复杂因素引入网络抗毁性建模，将是下一步深化工业无线传感器网络抗毁性研究的主要方向。

（3）工业无线传感器网络抗毁性行为演化机理研究。当前针对大规模工业无线传感器网络中的微观或局部结构仍缺乏深入认识。当前复杂网络理论的快速发展为突破这一认知瓶颈提供了有利契机。如何借助复杂网络理论，从网络聚类（clusters）、社团结构（community）等特征属性入手，探寻网络抗毁性行为的内在时空演化规律将是提升工业无线传感器网络抗毁性研究水平的重要理论方向。

1.5.2　存在的问题

抗毁性问题是当前工业无线传感器网络研究领域的热点与难点。然而，目前绝大多数的相关研究所采用的无线传感器网络理论模型与真实工业场景差异明显,从而导致所得理论成果难以转化为实际应用。另外,目前多数相关研究聚焦于网络静态特征,缺乏对网络动态抗毁性行为的认识。总体而言,当前研究中存在以下问题。

(1)工业场景中抗毁性问题的实质是提升工业无线传感器网络应对外部环境突发事件的能力。当前研究并未过多考虑工业环境因素(如温度、湿度、电磁干扰等)对网络性能的影响,使得所得理论成果难以应用于实际工业场景。事实上,对于工业无线传感器网络而言:一方面通过在网络建模过程中引入外部环境因素,并在抗毁性能提升方法设计过程中充分考虑这些因素所带来的影响,能够使所得理论成果尽可能接近真实的工业情形;另一方面环境因素的存在也为改善网络抗毁性能提供了有益的思路。例如,利用传感器节点所采集的环境数据实现消息路由对危险环境区域的规避等。因而,如何充分利用外部环境条件提升网络抗毁性能是需要关注的重点问题。

(2)现有无线传感器网络级联失效研究对象均为对等平面结构,即网络内所有的节点角色、功能均完全一致。在现实工业情形中,由于网络规模巨大且对能耗、延时等性能指标具有较高要求,无线传感器网络多采用典型分簇结构进行数据采集与传递,使得现有级联失效研究成果对于此类普遍情形并不适用。因此,如何针对工业无线传感器网络分簇结构设计级联失效模型是开展相关研究首要关注的问题。除此之外,目前级联失效研究的重点在于评估不同网络拓扑类型抑制级联失效发生的能力,并不涉及如何提升现有网络级联失效的抗毁性能。但在现实工业应用中,当发现网络级联失效抗毁性能不足时,如何提出合理有效的级联失效抗毁性能提升方法才是级联失效研究应该关注的核心问题。

(3)当前无标度拓扑演化模型研究多将对等平面结构或簇间结构作为演化对象,并未涉及包含簇内成员节点在内的完整分簇结构,使得所生成的无标度拓扑与真实工业情形存在明显差异。除此之外,现有模型仅将提升拓扑容错性能作为演化目标,并未考虑因无标度网络度分布异质性所导致的能量空洞问题,使得所生成的网络拓扑在网络生命周期等关键性能指标上难以满足实际工业的应用需要。

1.6　本书研究的目的与意义

作为国民经济的重要支撑,我国工业已取得了飞速的发展,并成为全球公认的"世界工厂",但我国的工业仍主要采取粗放型发展方式,从而导致在维持制造业有限增长的同时,对我国的资源与环境造成巨大的压力。而以无线传感器网络为核心技术之一的工业物联网为突破我国工业所面临的瓶颈提供了新的机遇。工业物联网在传统工业网络基础上,将具有环境感知能力的各类终端布设到工业的各个生产与流通环节,从而实现包括物流监控、设备监控、生产监控、商务监控和环境监控等在内的工业信息化与智能化。但是在实际应用过程中,由于受自身行业特点限制,工业环境具备物流情况复杂、生产设备繁多、制造过程复杂多变、生产环境较为恶劣等特点,对工业物联网,特别是对工业WSNs的广泛使用造成挑战。以汽车制造业为例,一辆车从零部件生产到最终装配需要经过上千个环节。这就要求在制造业现场部署成千上万个传感器节点,从而实现对整个生产到装配流程的监控。这就增加了所部署无线传感器网络的监控难度与系统复杂性。生产环境恶劣是制造业中存在的普遍现象。在工业生产过程中,普遍存在噪声污染、废气污染、粉尘污染等各种污染。在某些工艺环节还可能存在气温过高、振动过大、冲击明显等情况,从而对无线传感器网络的生存性与稳定性构成挑战。因此,在实际工业环境中,无线传感器网络常常因为系统构成复杂及干扰因素众多等原因造成节点或者链路失效,并进而使网络性能下降。因此,如何在工业复杂环境下大规模部署无线传感器网络并保证网络可持续稳定服务的能力,对于解决无线传感器网络规模的应用瓶颈具有重要的理论与应用价值。

针对部署在实际工业环境下的无线传感器网络,因其部署数量众多且网络生存环境相对恶劣,常会因为硬件故障、通信链路中断等原因而导致节点失效。失效节点会使得原本连通的网络拓扑分割,从而大大降低网络的覆盖度,甚至导致全局网络失效。由于规模巨大、资源受限、传递时延、有向传输等内在因素产生的非线性网络行为难以预测,对研究无线传感器网络抗毁性行为构成挑战。复杂网络的兴起为提升无线传感器网络抗毁性提供了新的思路。复杂网络的研究源于对真实世界中所存在网络的实际观察。而小世界网络与无标度网络作为复杂网络中最为明显的特征,已经被成功用来有效改善无线传感器网络的路由性能及降低数据传递能耗。但相关理论针对无线传感器网络的抗毁性行为研究仍然较为匮乏。一方面,无线传感器网络作为典型的以数据为中心,具备能耗敏感特征的物理网络,仅仅从网络拓扑层面对其进行优化,对网络抗毁性能的提升效果较为有限。如何在拓扑优化的基础上,有针对性地提出相应的路由策略,是全面提升无线传感器网络抗毁性能的必然趋势。另一方面,当网络失效行为真实发生,如何快速有效地进行故障诊断,并在获悉正确故障原因的基础上,采取合理有效的措施对网络进行修复,同样是保证网络可持续稳定提供服务能力的重要方法。

本书正是针对这一现实需求与研究瓶颈,研究在工业实际应用环境下的无线传感器网络的抗毁性行为,分别从网络拓扑优化、容量优化、路由控制、设备调度等角度,提出相应的抗毁性提升方法。在网络拓扑优化方面,本书通过在网络中引入择优生长机制,使得网络度分布符合幂率分布,并最终使其具备无标度网络特征,从而最终改善网络容错性能。为进一步延长网络生存周期,通过在网络构造长程连接,将工业无线传感器网络改造成为具备小世界网络特征的异质网络,有效解决因无标度拓扑度分布异质性所引发的能量空洞问题;在容量优化方面,针对工业无线传感器网络因遭受数据流量冲击所导致的级联失效问题,构建了一种参数可调的负载-容量模型,并基于容量扩充方式,分别给出了扩容对象选择策略与新增容量分配策略,用于提升网络级联失效抗毁性能;在路由控制方面,设计了一种工业无线传感器网络容错路由算法。算法将工业无线传感器网络抽象为人工势场,且势场受环境场、能量场与深度场共同作用。通过构建权重可调的目标场,确保路由在满足低能耗与低延时等关键性能指标的基础上,使所建立的不相交多路径可动态规避危险环境区域,提升消息路由抗毁性能;为满足工业无线传感器网络对实时故障检测与低延时故障诊断的迫切需求,基于邻近传感器节点数据采集所表现出的趋势相关性,设计了一种分布式故障检测算法,以消除故障检测触发时刻对检测精度的影响;针对后期网络维护中的故障诊断问题,提出了一种基于人工免疫理论的故障诊断算法,通过抗原分类、抗体库训练、抗体-抗原匹配等一系列步骤完成故障辨识;针对智能工厂环境,通过移动智能体调度,基于优先级设计数据分层传输方案,确保数据传输可靠的同时,节点能耗显著下降。

本书正是针对工业无线传感器网络的发展现状和市场需求,以工业无线传感器网络抗毁性研究为核心目标,分多个层面对1.5节中探讨的关键核心问题进行总结归纳,以期一方面能够为工业无线传感器网络抗毁性研究提供相应的理论支持,另一方面能够为在实际制造业环境中应用的无线传感器网络提供一整套集网络抗毁性优化、故障诊断及故障修复为一体的系统解决方案。

本章参考文献

[1] 王浩,李玉,秘明睿,等. 一种基于监督机制的工业物联网安全数据融合方

法[J]. 仪器仪表学报,2013,34(4):817-824.

[2] 张礼立. 融合 IT 与 OT 是跨越工业物联网断层的必经之路[J]. 中国工业评论,2016(8):12-16.

[3] 钱志鸿,王义君. 面向物联网的无线传感器网络综述[J]. 电子与信息学报,2013,35(1):215-227.

[4] Huang P,Xiao L,Soltani S,et al. The evolution of MAC protocols in wireless sensor networks:A survey[J]. IEEE Communications Surveys & Tutorials,2013,15(1):101-120.

[5] Younis M,Senturk I F,Akkaya K,et al. Topology management techniques for tolerating node failures in wireless sensor networks:A survey[J]. Computer Networks,2014,58:254-283.

[6] Zhang D,Li G,Zheng K,et al. An energy-balanced routing method based on forward-aware factor for wireless sensor networks[J]. IEEE Transactions on Industrial Informatics,2014,10(1):766-773.

[7] 宋佳,罗清华,彭喜元. 基于节点健康度的无线传感器网络冗余通路控制方法[J]. 物理学报,2014,63(12):391-403.

[8] Gnawali O,Fonseca R,Jamieson K,et al. CTP:An efficient,robust,and reliable collection tree protocol for wireless sensor networks[J]. ACM Transactions on Sensor Networks,2013,10(1):1-16.

[9] Zhu T,Cao Z,Gong W,et al. Illuminations and the revelations:lessons learned from GreenOrbs project development[J]. ACM SIGMOBILE Mobile Computing and Communications Review,2013,17(4):42-46.

[10] On World:Industrial wireless sensor networks:a market dynamics report[EB/OL]. https://www. onworld. com/smartindustries/index. html,2014.

[11] Gungor V C,Hancke G P. Industrial wireless sensor networks:Challenges,design principles,and technical approaches[J]. IEEE Transactions on Industrial Electronics,2009,56(10):4258-4265.

[12] Al Agha K,Bertin M H,Dang T,et al. Which wireless technology for industrial wireless sensor networks? The development of OCARI technology[J]. IEEE Transactions on Industrial Electronics,2009,56(10):4266-4278.

［13］Islam K，Shen W，Wang X. Wireless sensor network reliability and security in factory automation：A survey［J］. IEEE Transactions on Systems，Man，and Cybernetics，Part C：Applications and Reviews，2012，42(6)：1243-1256.

［14］郑涛. 工业无线传感器网络 MAC 协议研究［D］. 北京：北京交通大学，2014.

［15］李文锋，符修文. 无线传感器网络抗毁性［J］.计算机学报，2015，38(3)：625-647.

［16］王良民，马建峰，王超. 无线传感器网络拓扑的容错度与容侵度［J］.电子学报，2006，34(8)：1446-1451.

第 2 章
网络受损类型与抗毁性测度

确定工业无线传感器网络的失效原因是研究其网络抗毁性需要首先解决的问题。首先,工业无线传感器网络在不同的节点失效作用下,网络受损类型表现出明显的差异性。因此,确定节点失效起因,分析网络受损类型,是保证后续抗毁性研究成果符合任务场景需要的重要前提。其次,抗毁性测度是工业无线传感器网络抗毁性研究的基础。因此,需要通过分析工业无线传感器网络的特点构建网络抗毁性度量参数,并综合利用图论、概率论、统计物理等理论和方法建立工业无线传感器网络抗毁性的解析或仿真模型。基于以上考虑,本章重点分析工业无线传感器网络受损类型、起因与抗毁性测度。

2.1 网络受损类型

网络受损类型是指从网络角度,依照网络受损行为发生的概率分布与功能性特征,对网络受损进行类型划分,包含随机性受损、被选择性受损与组织性受损。受损起因是从节点失效角度,考虑个体节点物理属性,分析造成网络受损的起因,包含能耗失效、故障失效与攻击失效。

2.1.1 随机性受损

在工业无线传感器网络中,随机性受损[1,2]指的是由人为失误、软件漏洞、硬件故障或者环境变化等各种随机因素引起的物理设备损坏或软件故障所导致的网络受损类型。假定网络有 N 个节点,随机移除 $N \times f$ 个节点,其中 f 表示节点移除比例,这就是所谓的随机性受损。

2.1.2 被选择性受损

被选择性受损[3]是指基于所获取的网络局部或全部信息,按照节点重要程度选择受损目标对网络进行的破坏。通常情况下,被选择性受损是由黑客入侵或恶意破坏所导致的具有明显人为干涉特征的网络受损类型[4]。因此,如何确定节点的重要性程度是研究被选择性受损类型的核心问题。关于节点重要性程度的评估方法有很多,例如,度[5]、紧密度[6]、介数[7]、特征向量[8]等,但最简单也是使用最广泛的节点重要度指标就是节点的连接度。Albert 研究了随机网络(ER 模型)和无标度网络(BA 模型),Jeong[9] 等研究了蛋白质网络,Dunne[10] 等研究了食物链网络,Newman[11] 等研究了电子邮件网络,Cetinkaya[12] 等研究了因特网,李勇[13] 等研究了后勤保障网络,他们均将节点的连接度作为确定节点重要性程度的指标。但工业无线传感器网络作为以数据为中心的分布式网络,以往关于广义复杂网络的中心度定义难以对节点的中心化程度给予精确度量。以典型分簇拓扑结构为例(见图 2-1),对节点中心度进行分析(见表 2-1)。

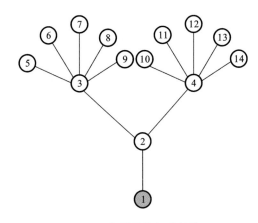

图 2-1　典型分簇拓扑结构

表 2-1　不同节点中心度的测度比较

节点	连接度中心度	紧密度中心度	介数中心度	特征向量中心度	有效介数中心度
2	0.23	0.565	0.615	0.59	1
3、4	0.461	0.52	0.641	0.69	0.5
5~14	0.069	0.351	0	0.255	0.071

如图 2-1 所示,节点 1 为 Sink 节点,其余节点均为普通传感器节点。如果节点 2 由于某种原因,停止工作,则网络中剩余的节点都将因通往 Sink 节点的链路缺失而无法正常工作。若节点 3 或节点 4 停止工作,则整个网络仍然有

50％的节点可以正常工作。但仅仅依赖连接度、紧密度、介数或者特征向量对节点中心化程度进行度量,如表 2-1 所示,显然不足以反映节点 2 的重要性程度。尽管在紧密度中心化指标上,节点 2 略高于节点 3 和 4,但其幅度并不足以说明节点 2 的中心化程度。因此作者基于 WSNs 数据传输的有向性给出全新的中心化测度——有效介数中心度 $C_c(x)$[14]:

$$C_c(x) = \frac{\sum\limits_{k \in v} g_k(x)/g_k}{n-1} \tag{2-1}$$

式中:$g_k(x)$ 表示节点 k 至 Sink 节点最短路径经过节点 x 的次数;g_k 表示节点 k 至 Sink 节点最短路径的条数。对于给定节点 x 来说,最极端的情况为网络中除 Sink 节点与自身节点外其他节点的最短路径均经过节点 x,此时该节点的有效介数中心度指标为 1。

以上关于中心度的研究仍是针对网络拓扑结构,以连通性为出发点,以网络邻接矩阵作为研究对象,基于图论对网络中心度进行分析,并没有考虑传感器网络自身的路由特点。传感器网络在早期研究过程中,通常采用对等平面结构,采用功率控制算法进行数据传递[15]。但随着研究深入,分层分簇结构由于传输高效等优点得到广泛研究,如 LEACH[16]、PEGSASIS[17]等。王良民[18]针对分簇结构的网络异质性特征,选择簇头节点作为受损目标。在其研究中,活动簇头节点占所有节点 n 的比例为 $p(n)$,则入侵节点集中在 $n \times p(n)$ 个簇头上。林力伟[19]在此基础上对选择策略进行扩展,分别设置 3 种选择策略:① 选择网络中的簇头节点;② 选择靠近 Sink 节点的传感器节点,但不包含基础设施节点;③ 选择靠近 Sink 节点的传感器节点,且包括基础设施节点。尽管在王良民和林力伟的选择策略中,考虑了网络分簇结构特征,但是其实质仍是依据路由分簇与地理位置信息构建受损对象集合,但集合内节点的彼此重要性程度相同,不存在选择优先级,仍带有明显的随机特征。考虑能耗均衡,在绝大多数分簇协议中,由于簇头节点采用定期选举机制,分布具有明显的动态性特征。如何在动态环境下构建受损对象集合仍有待研究。

2.1.3 组织性受损

组织性受损是将工业无线传感器网络与一般网络区分开来的重要标志。工业无线传感器网络作为典型的数据中心网络,其关注的焦点不在于节点自身能否正常工作,而是节点能否将自身所采集的数据发送至 Sink 节点。因此,即使传感器节点自身的物理属性健全,若因与 Sink 节点有效链路中断而无法进行有效的数据传递,则可合理地认定该节点无法正常工作[20]。因此,组织性受损是指网络因移除节点而导致通往 Sink 节点有效链路缺失所引发的网络受损类型。值得注意的是,组织性受损不能作为单一网络的受损类型存在,其出现必然伴随随机性受损或被选择性受损的发生。在随机布设及不考虑节点能耗属性的前提下,本书作者在文献[21]中通过仿真验证,对于工业无线传感器网络,仅需随机移除 40% 的传感器节点,就可破坏剩余节点通往 Sink 节点的绝大多数通信链路,进而验证了组织性受损是造成网络抗毁性能下降的主要受损类型。在大规模部署情形下,节点的中心化程度分布不均,少数关键节点失效将导致大规模剩余传感器节点的通信链路受损。因此,若依照节点中心化程度对网络进行攻击,则组织性受损对网络性能的影响更为明显。

2.2 受损起因

2.2.1 能耗失效

工业无线传感器网络作为能耗敏感网络,由于电池耗尽所导致的节点失效是网络受损的重要原因。

工业无线传感器网络能耗通常包括传递能耗与监听能耗。文献[22]不考虑 Sink 节点,网络空间内所定义传感器节点均具有初始能量 E_0,每个时间间隔 $[t, t+\Delta t]$ 内,节点均消耗能量 E_w。除正常能耗外,考虑通信能耗。在单位时间间隔 Δt 内,任意节点以概率 P_M 产生消息(Msg),并沿 Dijkstra 最短路径到达汇聚节点,传递能耗模型采用经典 First-order Radio[23] 无线通信能耗模型。需要说明的是,与其他两种失效成因不同,能耗作为工业无线传感器网络自身固有的物理属性,网络在运作过程中将不可避免地产生能量消耗,进而导致能耗失效。因此,对提升网络抗毁性而言,研究能耗失效的目的是在提升网络抗毁性能的同时,将网络能耗降至最低。

2.2.2 故障失效

在工业无线传感器网络中,对于故障失效,一般设定故障概率,基于随机概率分布确定失效对象。事实上,由于网络中心度分布不均,某些中心节点所承担的通信任务远高于一般节点,因而造成其故障发生的概率远大于一般节点。以分簇结构为例,簇头节点需要承担搜集、处理簇内成员节点的感知数据,对成员节点进行调度等工作,簇头节点的通信量和负载远远大于普通的成员节点,所以簇头节点发生故障的概率远远大于成员节点。基于该考虑,文献[24]中指出,故障失效发生的概率与节点度 k 之间为指数变化关系。

2.2.3 攻击失效

对于攻击失效,目前多数文献均简单地将攻击策略设定为依据节点中心化程度,从高至低依次对网络展开攻击。由于被选择性受损是节点攻击失效发生后网络受损类型的主要表现形式。因此,有关节点中心度的确定可参照本章2.1.2节有关选择性受损的表述。在对攻击失效进行具体建模时,需要对攻击方式做出具体参数设定,通常包含攻击视野、攻击范围、攻击强度。

1. 攻击视野

攻击视野是指网络攻击者在制定攻击策略时,对网络的熟知程度。在多数文献中,都将攻击失效的前提设置为网络破坏者了解全网信息,从而能够以最具杀伤力的方式对网络展开攻击。但在很多情况下,攻击者显然只能掌握局部网络信息,并根据局部信息展开攻击。如在军事领域,甲方只能在已渗透领域对乙方的网络基础设施展开攻击,而无法对未到达区域展开攻击。因此制定攻击策略时,需要对攻击视野进行具体设定。攻击视野的选择属于典型的不完全信息条件下的区域信息确定性问题[25]。令网络中节点 v_i 的重要度为 I_i,将所有节点按照重要度 I_i 排序,令节点 v_i 的序号为 r_i,用 δ_i 表示节点的信息获取状态。若 v_i 的重要度 I_i 已知,则 $\delta_i=1$,否则 $\delta_i=0$。称所有已被获取信息节点的集合为"已知区域 Ω",即 $\Omega=\{v_i \mid \delta_i=1, v_i \in V\}$。称所有未被获取信息节点的集合为"未知位置区域 $\overline{\Omega}$",即 $\overline{\Omega}=\{v_i \mid \delta_i=0, v_i \in V\}$。Xiao[26] 等基于局域信息提出一种基于路由表的攻击策略,攻击者不需要掌握网络全局信息,仅依据所持有的邻域路由信息对邻域节点展开攻击。Xia[27] 则根据已掌握网络局部度信息(partial degree information)对全局网络拓扑进行合理估计,并以此为依据制定攻击策略。Holme[28] 基于上述考虑,按照网络信息的更新程度,将网络攻击者分为仅掌握初始网络拓扑信息和实时掌握网络拓扑信息两类,并分别选取度和介数构建选择策略,主要有:

(1)ID 移除策略。对初始网络按照节点的度大小顺序来移除节点或边。

(2)IB 移除策略。对初始网络按照节点的介数大小顺序来移除节点或边。

(3)RD 移除策略。每次移除的节点是当前网络中节点或边的度最大的节点。

(4)RB 移除策略。每次移除的节点是当前网络中节点或边介数最大的节点。

2. 攻击范围

攻击范围是指执行单次攻击行为时所波及的范围大小,一般包含单点攻击与区域攻击。多数研究中均将攻击范围设定为单点攻击,即每次攻击行为仅破坏单个节点或单条链路。但事实上,在多数真实场景中(如火灾、地震等),攻击行为是区域攻击,具备典型的空间相关性特征,即攻击对象往往为某一中心点及其相邻地理区域。我们通常将该类攻击失效情形定义为地理空间关联失效(geographically correlated failures)[29]。Hamed[30]等最早对地理空间关联失效展开研究,并将攻击范围的形状分别设置为三角形或正方形。Liu[31]等则在此基础上对其进行扩展,提出 PRF(probabilistic region failure)失效模型。该模型将攻击范围的形状设定为圆形,且离圆心较近的节点失效概率明显高于距离较远的节点。考虑如爆破、地震等具备典型震源辐射特征的真实场景,PRF 模型较 Hamed 所提模型更为接近真实的情形。不论是 Hamed 还是 Liu 的研究成果均将失效对象限制为网络所覆盖的单一区域内的节点同时失效,Sen[32]等将该类模型归纳为单一区域失效模型 SRFM(single region fault model),并对其进行扩展,给出多区域失效模型 MRFM(multiple region fault model)。由于在 MRFM 模型中,仅简单将多个失效区域设定为覆盖范围及形状相同,且地理位置服从随机分布,具有明显局限性。基于该考虑,Rahnamay-Naeini[33]等对网络负载进行度量,并基于泊松分布,确定多个失效区域中心位置。该区域载荷越重,则被区域攻击的概率越高。

3. 攻击强度

攻击强度是指执行单次攻击行为对攻击对象的破坏程度。在多数场景中,均将移除点或边作为单次攻击失效的实现方式。但在某些特殊场景中,网络攻击仅会导致节点或边性能的衰减。考虑该情形,Agoston[34]提出"弱攻击(weak attack)"概念,即网络中的边均被赋予权值,当两端节点受到攻击时,对应边的权值随之衰减,若降为 0,则边失效。Yin[35]则在此基础上,引入权系数 $\omega \in [1, \infty)$ 对攻击强度进行定义。攻击强度随权系数的增加而单调递增。当权系数为 1 时,等同于节点或边未遭受攻击。当权系数趋近于 ∞,则将被攻击的点或边从网络拓扑中移除。

值得注意的是,在研究个体节点失效行为时,常常基于以下假设:当节点发生失效,该失效不可逆转且为永久失效。显然,对于能耗失效而言,若不考虑能量补充,该失效模式为永久失效。但在其他情形下,节点失效后仍有可能恢复到正常

工作状态。以故障失效为例,考虑节点信道占用,短时内节点无法接收数据。若
信道被释放,则节点恢复正常。考虑攻击失效,若节点内设有硬件或软件冗余机
制,节点在经历短时暂停工作后,即可恢复工作。基于以上考虑,Masoum[36]考
虑短时失效,基于离散时间马尔科夫链(discrete time marcov chain)构建节点失
效模型,即传感器节点分别被划分为状态 ON 与 OFF。当节点状态为 ON 时,
在下一时刻,节点以概率 a 切换为状态 OFF,反之,以概率 $1-a$ 保持状态 ON
不变。同理,当节点处于 OFF 状态时,则遵循概率 b 进行状态切换。Parvin[37]
则在此基础上对短时失效故障模型进行细分,分别引入妥协状态(compromised
state)与回馈状态(response state)。对于未发生故障节点,当簇内可用节点比
例超过阈值 k 时,则认定节点处于健康状态(healthy state),当簇内可用节点比
例低于阈值 k 时,则节点切换为妥协状态。处于妥协状态节点以概率 μ_c 转换为
故障节点,以概率 λ_r 进入回馈状态。在回馈状态,节点可通过重启(Rebooting)
等方式以概率 μ_c 返回健康状态,若回馈失败,则节点以概率 λ_r 转化为故障节
点。在 Masoum 与 Parvin 的研究中,均将节点故障的发生与恢复视为简单概率
事件,但在真实情形下,发生故障时长与频率和节点通信密切相关。

尽管当前有关传感器网络的受损类型与成因的研究众多,但是现有节点的
失效模型与真实情形差异明显。因此,如何提出一种综合节点失效模型,能够
涵盖攻击策略与方式选择、能耗与故障失效及时间域选择等,保证所构建的网
络能够对随机受损、被选择性受损与组织性受损等多种网络受损类型作出准确
响应,将是未来研究工作的重点。

2.3　抗毁性测度

当研究网络抗毁性时,我们需要针对不同节点的失效情形与网络受损类型
对网络抗毁性能影响的高低作出准确评估。当利用网络构造方法提升网络抗
毁性能时,我们需要对提升效能的好坏给出评价。抗毁性测度正是衡量网络抗
毁性能好坏的具体量化指标。在复杂网络抗毁性研究中,抗毁性测度一直是研
究的热点[38],而工业无线传感器网络抗毁性测度研究可被视为复杂网络抗毁性
测度研究应用的拓展,因此本节先对复杂网络的抗毁性测度研究展开简要介
绍,并在此基础上,归纳无线传感器网络抗毁性测度研究。

网络抗毁性测度研究文献较多,根据研究范围的不同,抗毁性可以分为全
局抗毁性测度与局部抗毁性测度[39,40],根据图论模型的不同,可以分为赋权抗
毁性测度与非赋权抗毁性测度[41]。从与网络拓扑的关联性程度的角度,本书将

抗毁性测度分为非拓扑性测度与拓扑性测度。

2.3.1　非拓扑性测度

非拓扑性测度的核心思想是选取与网络拓扑无关的网络简单属性作为衡量抗毁能力的测度指标。常用的网络属性包括剩余可用节点数量[42]、覆盖面积[43]、网络寿命[44]等。由于网络属性简单易得,因此在诸多文献中往往均采用一种或多种网络属性作为抗毁性测度的指标。但是网络属性难以全面准确反映网络的抗毁性能。以网络中可用节点数量指标为例,当网络遭受攻击,若网络剩余可用节点数量较多,显然说明该网络的节点冗余性较好。但若剩余生存节点全部局限于特定区域,显然难以满足以覆盖面积为 QoS(quality of service)标准的抗毁性要求。

2.3.2　拓扑性测度

与仅以单一的点或边为特征提取对象的非拓扑抗毁性测度相比,基于网络拓扑的抗毁性测度以网络连通性为对象,以邻接矩阵为提取特征来源,选择图论及概率统计学等作为工具,能够更为全面地度量网络抗毁性。在 Albert[45]等2000 年发表在《Nature》上的关于随机网络(ER 模型)与无标度网络(BA 模型)的抗毁性的经典论述中,就选取了不同网络面对不同攻击条件下的最大连通簇(giant component)尺寸与网络规模之比 S、最大连通簇平均最短路径 l 与节点移除比例 f 的关系作为其抗毁性研究的测度。在此基础上,Albert 得到一经典结论:在选择性攻击下,随机网络较无标度网络的抗毁性更优,而无标度网络抵御随机攻击能力更强。但对一般复杂网络而言,随着破坏程度的加大,最大连通簇是逐渐变小的,但平均最短路径是先变大后变小,这种差异性给抗毁性的研究带来诸多不便[46]。1970 年 Frank[47]等提出的"连接度(node connectivity)"和"黏聚度(link connectivity)"被证明具有良好的抗毁性表征性能。连接度是指网络不连通所需移除的最少节点个数,而黏聚度是指使网络不连通所需删除的最少链路数。后续有诸多学者在此基础上对连接度及黏聚度概念进行了扩展。由于在复杂网络中特别是无标度网络中普遍存在大量度数很小的节点,而连通度与黏聚度必须小于最小节点度数,因此导致在许多网络中连接度与黏聚度失去测度意义。基于该考虑,谭跃进[46]等首次引入收缩概念,综合考虑节点连接度以及经过该节点最短路径的数目,重新定义黏聚度。在此基础上,郭虹[48]等通过计算 AdHoc 网络中任一节点收缩前后的网络黏聚度,评估节点中心化程度,通过构建面向网络中心度分布的网络抗毁性熵评估网络抗毁性能。其他抗毁性测度还包括跳面节点法[49]、基于全网平均等效最短路径数的方法[50]、基于连通分支数的评估方法[51]和基于拓扑不相交路径的评估方法[52]等。尽管有关抗毁性研究众多,但这些测度各有侧重点,对于不同类型网络而言,带有明显局限性。

2.3.3　无线传感器网络抗毁性测度

对于工业无线传感器网络而言,尽管有关复杂网络的抗毁性测度研究,一定程度上能够反映网络抗毁性能的优劣,但在实际运用中,仍存在一定局限:未考虑网络有效连通性;未考虑能耗敏感。以文献[51]网络连通系数为基础,林力伟等考虑网络汇聚特性,引入有效连通度概念,提出面向传感器网络的抗毁性测度。Xing[53]等从连通以及覆盖的角度出发,通过评估基本簇单元的抗毁性来评估多级簇结构的可靠性。该文献中提出的 WSNs 抗毁性整合了以往基于连接度的网络抗毁性和表明服务质量的覆盖率,文中提出一种循序渐进的方式来评估一个更具有普适性的多级簇 WSNs。文献[54]中提出了基于删除节点后最短路径变化的评估方法,该方法只在移除节点后考量剩余网络是否仍然连通,并没有考虑对该节点的移除造成剩余节点之间最短距离变大的情况。Aboelfotoh[55]等观测到一个或多个节点的失效可能导致数据源节点与汇聚节点之间没有通路,或者增加到达目的节点的跳数,导致信息的延迟。该作者通过构建预期信息延迟和最大信息延迟测度,测量网络的抗毁性。与之前所述面向连通性的 WSNs 抗毁性测度相比,Aboelfotoh 所提测度可涵盖消息传递延时等 QoS 指标,对抗毁性能表征得更为全面。

WSNs 与其他网络的最大差别是缺乏能量持续供给,因此在研究 WSNs 抗毁性时,不应忽略节点剩余能量的影响。齐小刚[56]等提出一种基于节点剩余能量和节点拓扑贡献度的网络抗毁性评价方法。在该方法中,基于个体节点抗毁性能,求解均值与方差,反映网络面临随机攻击与专门攻击时的抗毁性程度。但该方法仅就剩余能量与节点拓扑在测度中的贡献度做简单假设,未就如何确定权重给予说明。Cai[57]等基于网络平均寿命与 k-覆盖率提出抗毁性测度。网络平均寿命被定义为随机逐个移除传感器节点,直到 k-覆盖率减小到约束值 θ,移除节点数目与全部节点数目的比值,即平均寿命。与之对应,若将随机移除策略替换为依照连接度从高到低依序移除,则移除节点数目与全网节点的比值就定义为平均抗毁性。该测度准确与否依赖于 k 值的选取。由于不同规模网络对覆盖率要求的差异性明显,k 值的选取面临难题。段误意[58]针对网络抗毁性提出了一种新的度量方法,该方法通过建立网络抗毁性的评价指标和节点最大流量模型,借助元胞蚁群算法进行求解。但在该测度中,仅将最大流量视为节点间链路可靠性的评价指标,而忽视了冗余链路或 k-连通对抗毁性能的提升效果,从而造成测度评估结果具有明显的局限性。

2.3.4 工业无线传感器网络抗毁性测度设计

工业无线传感器网络作为面向工业应用的实际网络类型,抗毁性能优劣涉及个体、局域网络、全局系统等多个维度。以往单一维度评价方法难以对整个网络系统的抗毁性能做出合理评估。除此之外,以往的评价方法多从拓扑鲁棒性与数据传输有效性等角度衡量网络抗毁性能,对工业生产服务质量的影响并未考虑在内,具有明显的局限性。因此,应在已有连通度、覆盖度、数据传递时延等评价指标的基础上,从个体可靠性、环境适应性、服务质量稳定性等角度建立多维度的工业无线传感器网络抗毁性能的评价方法。多维度抗毁性能的评价方法示意图如图 2-2 所示。

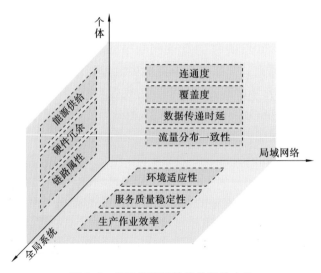

图 2-2 多维度抗毁性能的评价方法

(1) 从个体维度出发,分别引入个体节点与链路可靠性评价系数 δ_{v_i} 与 δ_{e_i}。对于 δ_{v_i},从能源供给、硬件冗余等角度评价个体节点可靠性。如对于固定能源供给节点 v_i,其可靠性高于移动电源供给节点 v_j,则 $\delta_{v_i} > \delta_{v_j}$。对于 δ_{e_i},从链路属性等角度评价个体节点可靠性。如有线链路 e_i 的可靠性明显高于无线链路 e_j,则 $\delta_{e_i} > \delta_{e_j}$。显然,对于全局网络,若 $\sum\limits_{v_k \in V} \delta_{v_k}$ 与 $\sum\limits_{e_k \in E} \delta_{e_k}$ 越高,则网络抗毁性能越强。

（2）从局域网络维度出发，针对子网内的数据汇聚特征，引入有向传输概念，对传统连通度、覆盖度、数据传递时延、流量分布一致性等指标进行优化，使其能够更好地反映子网抗毁性能。以连通度 C 为例，仅将与子网基站维持有效链路的连通分支记为有效连通分支 G^*。

$$C = \frac{1}{\omega \sum\limits_{i=1}^{\omega} \frac{|v_i|}{|v|} l_i} \tag{2-2}$$

式中：ω 为网络内有效连通分支数；$|v_i|$ 为第 i 个有效连通分支 $G^{(i)}$ 中的节点数；$|v|$ 为子网节点总数；l_i 为第 i 个有效连通分支 $G^{(i)}$ 中的平均最短距离，即第 i 个连通分支中的所有节点与子网基站之间最短路径的平均值。显然，若子网连通分支越少、平均最短路径越小，则子网连通度越高。

（3）从全局系统维度出发，考虑工业无线传感器网络所处环境以及应用对象对抗毁性能的影响，引入环境适应性、服务质量稳定性、生产作业效率等应用相关指标。环境适应性指标用于评价系统在面对噪声、振动等复杂环境因素冲击时仍可正常工作的能力。服务质量稳定性指标用于评价系统针对不同生产作业流程或任务对象时能够持续稳定提供高质量服务的能力。生产作业效率指标用于评价在固定资源与时间成本投入下的系统生产作业产出。

显然，三个维度侧重各有不同。用户可根据生产场景的差异以及生产作业任务的个性化需要，通过赋予各个维度不同权重等方式，生成最终的工业无线传感器网络抗毁性测度。

2.4　本章小结

在本章中，首先将工业无线传感器网络的受损类型划分为：随机性受损、被选择性受损、故障受损三个类型，并展开一一论述。随后，分别从能耗、故障与人为攻击等角度分析了导致工业无线传感器网络受损的原因。最后，给出了一种可用于工业无线传感器网络抗毁性能分析的测度模型。

本章参考文献

[1] Mishkovski I，Biey M，Kocarev L. Vulnerability of complex networks [J]. Communications in Nonlinear Science and Numerical Simulation，

2011，16(1)：341-349.

[2] Paul G，Sreenivasan S，Stanley H E. Resilience of complex networks to random breakdown[J]. Physical Review E，Statistical，nonlinear，and soft matter physics，2005，72(5)：056130.1-056130.6.

[3] Holme P，Kim B J，Yoon C N，et al. Attack vulnerability of complex networks[J]. Physical Review E，2002，65(5)：056109.

[4] Cohen R，Erez K，Ben-Avraham D，et al. Breakdown of the Internet under intentional attack[J]. Physical Review Letters，2001，86(16)：3682.

[5] Dorogovtsev S N，Mendes J F F，Samukhin A N. Size-dependent degree distribution of a scale-free growing network[J]. Physical Review E，2001，63(6)：062101.

[6] Okamoto K，Chen W，Li X Y. Ranking of closeness centrality for large-scale social networks[J]. Lecture Notes in Computer Science，2008，5059：186-195.

[7] Newman M E J. A measure of betweenness centrality based on random walks[J]. Social Networks，2005，27(1)：39-54.

[8] Bonacich P. Some unique properties of eigenvector centrality[J]. Social Networks，2007，29(4)：555-564.

[9] Jeong H，Mason S P，Barabási A L，et al. Lethality and centrality in protein networks[J]. Nature，2001，411(6833)：41-42.

[10] Dunne J A，Williams R J，Martinez N D. Network structure and biodiversity loss in food webs：robustness increases with connectance[J]. Ecology Letters，2002，5(4)：558-567.

[11] Newman M E J，Forrest S，Balthrop J. Email networks and the spread of computer viruses[J]. Physical Review E，2002，66(3)：035101.

[12] Cetinkaya E K，Broyles D，Dandekar A，et al. Modelling communication network challenges for future internet resilience，survivability，and disruption tolerance：a simulation-based approach[J]. Telecommunication Systems，2011，52(3)：751-766.

[13] 李勇，吴俊，谭跃进. 物流保障网络级联失效临界抗毁性[J]. 系统仿真学报，2012，24(5):1030-1034.

[14] Fu X，Li W，Fortino G. Empowering the invulnerability of wireless sen-

sor networks through super wires and super nodes[C]// Proceedings of the 13th IEEE/ACM International Symposium on Cluster, Cloud and Grid Computing (CCGrid), 2013: 561-568.

[15] 李方敏，徐文君，刘新华. 无线传感器网络功率控制技术[J]. 软件学报，2008，19(3):716-732.

[16] Manjeshwar A, Agrawal D P. TEEN: A routing Protocol for Enhanced Efficiency in Wireless Sensor Networks[C]//Proceedings of the 15th IEEE International Parallel & Distributed Processing Symposium，2001: 189-196.

[17] Lindsey S, Raghavendra C S. PEGASIS: Power-efficient gathering in sensor information systems[C]// Proceedings of the IEEE Aerospace conference，2002:1125-1130.

[18] 王良民，马建峰，王超. 无线传感器网络拓扑的容错度与容侵度[J]. 电子学报，2006，34(8): 1446-1451.

[19] 林力伟，许力，叶秀彩. 一种新型 WSN 抗毁性评价方法及其仿真实现[J]. 计算机系统应用，2010，19(4):32-36.

[20] 符修文，李文锋，杨林，等. 基于元胞自动机的无线传感器网络抗毁性分析[J]. 计算机工程与应用，2014，50(8): 1-10.

[21] 符修文，李文锋. 无线消防报警网络抗毁性分析与提升方法[J]. 中国安全科学学报，2014，24(1): 41-47.

[22] 任秀丽，邓彩丽. 基于元胞自动机的无线传感网拓扑控制算法[J]. 计算机应用，2012，32(6):1495-1498.

[23] Heinzelman W R, Chandrakasan A, Balakrishnan H. Energy-efficient communication protocol for wireless microsensor networks[C]// Proceedings of the IEEE 33rd Annual International Conference on System Sciences，2000: 1-10.

[24] 尹荣荣，刘彬，刘浩然，等. 基于节点综合故障模型的无线传感器网络容错拓扑控制方法[J]. 电子与信息学报，2012，34(10):2375-2381.

[25] Wu J, Deng H Z, Tan Y J, et al. Vulnerability of complex networks under intentional attack with incomplete information[J]. Journal of Physics A: Mathematical and Theoretical，2007，40(11): 2665.

[26] Xiao S, Xiao G. On intentional attacks and protections in complex com-

munication networks[C]// Proceedings of the IEEE Global Telecommunications Conference，2006：1-5.

[27] Xia Y X，Jin F. Efficient attack strategy to communication networks with partial degree information[C]// Proceedings of the IEEE International Symposium Circuits and Systems (ISCAS)，2011：1588-1591.

[28] Holme P，Kim B J，Yoon C N，et al. Attack vulnerability of complex networks[J]. Physical Review E，2002，65(5)：056109.

[29] Pezoa J E. Optimizing mission allocation in wireless sensor networks under geographically correlated failures[C]// Proceedings of the 11th ACM Conference on Embedded Networked Sensor Systems，2013：57-63.

[30] Hamed Azimi N，Gupta H，Hou X，et al. Data preservation under spatial failures in sensor network[C]// Proceedings of the 11th ACM international symposium on mobile ad hoc networking and computing，2010：171-180.

[31] Liu J，Jiang X，Nishiyama H，et al. Reliability assessment for wireless mesh networks under probabilistic region failure model[J]. IEEE Transactions on Vehicular Technology，2011，60(5)：2253-2264.

[32] Sen A，Murthy S，Banerjee S. Region-based connectivity-a new paradigm for design of fault-tolerant networks[C]// Proceedings of the 2009 IEEE International Conference on High Performance Switching and Routing，2009：1-7.

[33] Rahnamay-Naeini M，Pezoa J E，Azar G，et al. Modeling stochastic correlated failures and their effects on network reliability[C]// Proceedings of the 20th IEEE International Conference on Computer Communications and Networks，2011：1-6.

[34] Agoston V，Csermely P，Pongor S. Multiple weak hits confuse complex systems：a transcriptional regulatory network as an example[J]. Physical Review E，2005，71(5)：051909.

[35] Yin Y P，Zhang D M，Tan J，et at. Continuous weight attack on complex network[J]. Communications in Theoretical Physics，2008，49(3)：797-800.

[36] Masoum A，Jahangir A H，Taghikhaki Z. Survivability analysis of wireless sensor network with transient fault[C]// Proceedings of the IEEE International Conference on Computational Intelligence for Modelling Control & Automation，2008：975-980.

[37] Parvin S，Hussain F K，Park J S，et al. A survivability model in wireless sensor networks[J]. Computers & Mathematics with Applications，2012，64(12)：3666-3682.

[38] 谭跃进，赵娟，吴俊，等. 基于路径的网络可靠性研究综述[J]. 系统工程理论与实践，2012，32(12)：2724-2730.

[39] Newman M E J. The structure and function of complex networks[J]. SIAM Review，2003，45(3)：167-256.

[40] Yazdani A，Jeffrey P. A complex network approach to robustness and vulnerability of spatially organized water distribution networks[J]. Physics and Society，2010，15(3)：1-18.

[41] 马润年，文刚，邵明志，等. 基于抗毁性测度的赋权网络抗毁性评估方法[J]. 计算机应用研究，2013，30(6)：1802-1804.

[42] Chiang M W，Zilic Z，Radecka K，et al. Architectures of increased availability wireless sensor network nodes[C]// Proceedings of the IEEE International Test Conference，2004：1232-1241.

[43] Zhu C，Zheng C L，Shu L，et al. A survey on coverage and connectivity issues in wireless sensor networks[J]. Journal of Network and Computer Applications，2012，35(3)：619-632.

[44] Mustapha R S，Abdelhamid M，Hadj S，et al. Performance evaluation of network lifetime spatial-temporal distribution for WSN routing protocols [J]. Journal of Networks and Computer Applications，2012，35(4)：1317-1328.

[45] Albert R，Jeong H，Barabási A L. Error and attack tolerance of complex networks[J]. Nature，2000，406(6794)：378-382.

[46] 谭跃进，吴俊，邓宏钟. 复杂网络中节点重要度评估的节点收缩方法[J]. 系统工程理论与实践，2006，26(11)：79-83.

[47] Frank H，Frisch I. Analysis and design of survivable networks[J]. IEEE Transactions on Communication Technology，1970，18（5）：

501-519.

[48] 郭虹,兰巨龙,刘洛琨. 考虑节点重要度的 Ad Hoc 网络抗毁性测度研究[J]. 小型微型计算机系统,2010,31 (6):1063-1066.

[49] 郭伟. 野战地域通信网可靠性的评价方法[J]. 电子学报,2000,28(1):3-6.

[50] 饶育萍,林竞羽,侯德亭. 基于最短路径数的网络抗毁评价方法[J]. 通信学报,2009,30(4):113-117.

[51] 吴俊,谭跃进. 复杂网络抗毁性测度研究[J]. 系统工程学报,2005,20(3):128-131.

[52] 包学才,戴伏生,韩卫占. 基于拓扑的不相交路径抗毁性评估方法[J]. 系统工程与电子技术,2012,34(1):168-174.

[53] Xing L,Shrestha A. QoS reliability of hierarchical clustered wireless sensor networks[C]// Proceedings of the 25th IEEE International Conference on Performance,Computing,and Communications,2006:641-646.

[54] 李鹏翔,任玉晴,席酉民. 网络节点(集)重要性的一种度量指标[J]. 系统工程,2004,22(4):13-20.

[55] Aboelfotoh H M F,Iyengar S S,Chakrabarty K. Computing reliability and message delay for cooperative wireless distributed sensor networks subject to random failures[J]. IEEE Transactions on Reliability,2005,54(1):145-155.

[56] 齐小刚,张成才,刘立芳. WSN 节点重要性和网络抗毁性的分析方法[J]. 系统工程理论与实践,2011,31(3):33-37.

[57] Cai W,Jin X,Zhang Y,et al. Research on reliability model of large-scale wireless sensor networks[C]// Proceedings of the International Conference on Wireless Communications,Networking and Mobile Computing,2006:1-4.

[58] 段谟意. 一种新的网络抗毁性的度量方法[J]. 小型微型计算机系统,2012,33(12):2729-2732.

第 3 章
抗毁性拓扑优化

拓扑结构反映出网络中各实体的结构关系,拓扑的确立是构建网络的初始步骤。因此如何从系统角度建立容错性能较优的网络拓扑是提升网络抗毁性能的首要问题。由于受到规模巨大、网络异构、传递时延与有向传输等内在因素和外部环境干扰因素的共同作用,工业场景中无线传感器网络的拓扑结构较一般场景对抗毁性会提出更高要求。无标度(Scale-free)网络特性的发现,为生成容错性能较优的工业无线传感器网络拓扑提供了一种全新的思路。无标度网络节点度分布符合幂律分布,使得当网络面临随机失效情形时具有较好的容错性能。现有无线传感器网络无标度演化模型研究对象多为对等平面结构。然而,在绝大多数工业场景中,因规模巨大,无线传感器网络多采用典型分簇结构。可见,已有演化模型所生成的网络拓扑难以应用于真实的工业情形。除此之外,尽管无标度网络拓扑具有较好的容错性能,但由于中心节点占有网络中的多数连接,导致此类节点能量容易过早耗尽,从而引发严重的"能量空洞"问题,所生成的网络拓扑在网络生命周期等关键性能指标上难以满足实际工业应用的需要。

为生成一种具有较优容错性能与良好能耗表现的网络拓扑,本章首先提出了一种全新的分簇无标度局域世界演化模型。模型以簇头节点连接度与剩余能量值为依据构造择优连接概率函数,并引入饱和度约束与优胜劣汰机制,演化生成与真实工业情形相符的分簇无标度容错拓扑。在所生成无标度拓扑的基础上,引入长程连接构造小世界网络,并基于有向介数网络结构熵给出了长程连接布局策略,解决了因无标度拓扑度分布异质性所引发的能量空洞问题。

3.1　研究现状

拓扑演化是指通过硬件升级或网络规模扩张的方式,促使现有网络拓扑向抗毁性较优的方向演化。当前的拓扑演化方法主要包括无标度网络生长与小世界网络演化等。

3.1.1 无标度网络

无标度网络节点度分布 $P(k)$ 符合幂律分布。也就是说,网络中少数节点占用了绝大部分连接,而网络中绝大多数的节点度数较低。对于随机失效而言,度数较大的节点因所占网络比例极低,使得节点失效概率极小,而占网络绝大多数的度数较小的节点发生失效并不会显著影响网络整体通信性能[1]。因此,构建具有无标度网络特征的网络拓扑能够具有较好的容错性能。

B-A 模型[2]作为首个无标度网络演化模型,其基本思想是通过择优连接促进网络增长,使所生成的网络拓扑具备无标度特征。具体演化机制描述如下。

(1) 增长   从一个具有 m_0 个节点的网络开始,每单位时刻引入一个新的节点,与 m 个已经存在的节点相连,这里 $m \leqslant m_0$。

(2) 连接   一个新节点和一个网络内已经存在的节点 i 在时刻 t 相连的概率 $\prod(i,t)$ 与节点 i 的度 $k_i(t)$ 成正比,即

$$\prod(i,t) = k_i(t) \Big/ \sum_{j=1}^{S(t)} k_j(t) \qquad (3\text{-}1)$$

式中:$S(t)$ 为当前时刻网络中的节点总数。依照上述演化机制,在经历 t 个单位时刻后,产生一个具有 $S(t) = m_0 + t$ 个节点,mt 条边的网络。经过长时间演化,网络标度趋于固定。网络度分布服从幂律分布 $P(k) \sim k^{-\gamma}$,幂律指数 γ 为3,度分布与网络节点规模无关。B-A 无标度网络演化模型通过全局计算每个节点的择优连接概率,得到幂律形式的网络度分布。

然而在现实世界中,由于局域连接性的存在,每一个节点都拥有属于各自的局域世界(L-W,local-world),也仅能使用各自局域世界内的局部连接信息。基于该考虑,Li[3]等提出了 L-W 模型。L-W 模型与 B-A 模型的区别在于 m 个节点是从局域世界 Ω 中优先选取的,而局域世界 Ω 是由从网络中随机选取的 M($M \geqslant m$)个已存在的节点构成。显然,当 $M = m$ 时,L-W 模型仅保留增长机制而没有优先连接,网络度分布服从指数分布。当 $M = m_0 + t$ 时,L-W 模型等价于 B-A 模型。当 $m < M < m_0 + t$ 时,$P(k) \sim 2m^{1/\beta}k^{-\gamma}$,其中 $\gamma = 1/\beta + 1$。不难发现,伴随局域世界规模 M 的逐渐增大,网络度分布曲线从一条指数型曲线逐渐被"拉伸"为一条幂律型曲线。局域世界规模 M 越大,演化所得网络度分布越不均匀,网络度分布呈现出从指数分布过渡到幂律分布的渐进演化特征。

在 B-A 模型与 L-W 模型基础上,众多学者研究无线传感器网络拓扑演化

模型。Zhu[4]等提出了两种具备无标度特征的无线传感器网络演化模型：EAEM 与 EBEM。在 EAEM 中，新节点优先连接剩余能量较高的节点，而在 EBEM 中，除考虑节点剩余能量外，新节点优先加入度数较高的节点。实验表明，EBEM 在能耗及容错性能上明显优于 EAEM。Zhang[5]等在此基础上对网络拓扑进一步细化，基于节点能量、通信流量与距离等因素，定义边权和节点强度，并以此作为新加入节点择优连接的依据，促使节点度和边权均服从幂律分布。刘浩然[6]等则考虑真实环境中无线传感器网络路径能量损耗问题，通过分析路径损耗最优的网络度分布规律，设计了一种无标度容错拓扑控制算法。上述研究均将无线传感器网络视为同质网络，所得的网络拓扑均为对等平面结构。但在以工业场景为代表的多数应用情形中，无线传感器网络通过引入分簇结构，使得网络拓扑具备明显的异质性。因此，Li[7]等依照预设簇头比例将新加入节点分为簇头节点与普通节点，并分别构建概率选择函数，使无线传感器网络无标度演化模型具备分簇特征。在无线传感器网络中，节点硬件投入与能量资源均严格受限，因能量耗尽或外部环境因素干扰所导致的节点与链路失效都将导致网络拓扑动态变化。基于该考虑，姜楠[8]等对无线传感器网络动态演化行为进行扩展，除原有添加节点行为外，新增节点/链路删除与补偿行为。在此基础上，罗小娟[9]等提出了一种能量感知的优胜劣汰演化模型，从而使网络表现出更为贴近实际的有增有减的动态演化过程。除 B-A 模型外，基于随机行走(random-walker，R-W)的无标度演化模型也得到了越来越多学者的重视。陈力军[10]等在利用 DEEG 簇生成算法对网络进行分簇的基础上，基于 R-W 构造簇间演化机制，使得由簇头节点所组成的通信子网具有无标度特征。王亚奇[11]等针对病毒入侵，基于 R-W 构造了具有无标度特征的无线传感器网络拓扑，并提出了相应免疫策略。由于"行走者"在游走过程中下一跳节点的选择取决于邻域簇头节点剩余能量值的多少，所生成的拓扑具有较好的能耗表现。但值得注意的是，王与陈的模型都仅聚焦于簇间拓扑，并未考虑簇内成员节点，所得网络拓扑整体性能并未得到有效验证。为了更好地阐述相关研究现状，在表3-1 中进行比较说明。

表 3-1　现有无标度演化模型对比

相关研究	能耗敏感	分簇结构	饱和度约束	优胜劣汰	理论模型
Zhu[4]	√				L-W
张德干[5]	√				B-A
刘浩然[6]	√				B-A

续表

相关研究	能耗敏感	分簇结构	饱和度约束	优胜劣汰	理论模型
Li[7]	√	√			L-W
姜楠[8]			√	√	B-A
罗小娟[9]	√			√	B-A
陈力军[10]	√	√			R-W
王亚奇[11]		√			R-W

3.1.2　小世界网络

小世界网络(small-world network)因具有良好的拓扑属性,一直是复杂网络研究领域的热点。在小世界网络中,绝大多数节点并不直接相连。但由于有长程连接的存在,网络中多数节点仅需经过少数几个节点即可与网络中其他任意节点建立链路。因而,小世界网络具有较大的聚类系数与较小的平均路径长度。对于能量受限的工业无线传感器网络而言,降低传感器节点与 Sink 节点之间的通信链路长度是提升网络性能的关键。如果能够构建具有小世界网络特征的工业无线传感器网络拓扑,则可使网络连通性较好且能耗较低[12]。

Helmy 等[13,14]通过在无线传感器网络中引入逻辑链路,首先证明了小世界网络同样可用于具有空间属性的传感器网络(见图 3-1)。研究结果表明:通过随机化加边的方式,能够有效降低网络平均路径长度。与此同时,所添加的逻辑

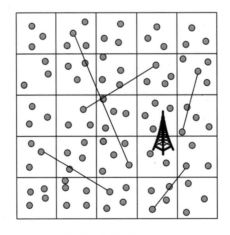

图 3-1　小世界网络构型

链路长度仅需达到网络直径的 25％～40％，即可明显提升网络性能。Shar-ma[15]等进一步论证了通过在网络中添加少数随机连接，能够明显改善网络能耗均衡性。Hawick[16]等也采用类似方法研究了无线传感器网络的覆盖、容错与能耗问题。研究结果表明：将小世界网络特征引入无线传感器网络，不仅可以有效降低网络的平均路径长度，而且网络中孤立簇的出现概率也将明显降低，网络的整体覆盖效果与寿命也将得到大幅改善。以上研究均选取随机布局策略衡量长程连接对网络性能的提升效果，但随机布设方式对网络性能的提升效果显然并非最优。因此，当布设长程连接时，核心问题是如何设置长程连接使其对网络性能的提升效果更优。Guidoni[17]等提出了两种长程连接布局策略：DAS 策略和 SSD 策略。DAS 与 SSD 策略的核心思想均为随机选取起始端节点与 Sink 节点连线，以该连线作为中心线确定夹角覆盖范围，并在该范围内随机选取终端节点构建长程连接。在此基础上，为方便方案实施，考虑传感器网络分布式特征，Guidoni[18]等提出了一种在线布局方案 ODASM。尽管以上三种方案均可以保证长程连接在一定角误差范围内指向 Sink 节点，以提高数据定向传输的能耗有效性。但 Sink 节点周边节点的能耗负载失衡现象并未得到有效缓解。本书作者[19]基于有向介数中心度提出了一种面向网络抗毁性的长程连接布局策略，通过计算全网中心度分布，选取中心度最高的节点，在其通往 Sink 节点最短路径的上游与下游分别选取端点构建长程连接。该策略面对单一网络有且仅有一种布局方案用于改善网络抗毁性能，从而排除了随机性因素对网络性能的影响，但算法复杂度较高。

一般情况下的长程连接主要适用于静态网络拓扑环境，一旦布置好便不能移动，且易受地理位置约束。Shah[20,21]等基于容迟网络特征，提出利用移动代理 datamules 模拟长程连接。动态网络环境下的长程连接是由 datamules 在数据传输过程中借助移动轨迹所建立的。仿真结果表明：datamules 数量的上升能够有效降低网络平均路径长度，使网络呈现出明显的小世界网络特征。考虑到移动代理访问传感器节点的顺序以及数量对路由效率与网络寿命均具有重要影响，周四望[22]等提出了一种基于数据融合的移动代理曲线动态路由算法。该算法通过求解移动代理迁移过程中的静态最优路由节点序列，将移动代理路由问题转化为动态路径规划问题。

尽管基于移动代理的小世界网络构造方法具有灵活度高、柔性好等优势，但网络数据传输具有明显的容迟特征。由于工业无线传感器网络对数据传输实时性具有极高要求，该方法在工业场景应用中具有明显局限性。与之相比，基于有线链路的小世界网络构造方法的数据传输实时性较强,并且由于在工业场景中管线布设较一般场景更为便捷,因此该方法优势更为凸显。

3.2 分簇无标度局域世界演化模型

3.2.1 网络模型说明

在矩形监测区域内布设工业无线传感器网络。传感器节点分为簇内成员节点与簇头节点。簇内成员节点采集环境数据并汇聚至所属簇头节点。除环境监测任务外,簇头节点需承担数据转发任务,利用簇间多跳转发机制将数据发送至 Sink 节点。

模型说明与定义如下所述。

(1)与多数真实网络情形一致,除任务角色不同外,网络内各个节点均为同构节点,即簇头节点与簇内成员节点能耗属性及通信能力完全相同。

(2)每个簇内成员节点仅能隶属于单一簇头节点。

(3)网络初始阶段,除 Sink 节点外,各个传感器节点均依照特定概率分布赋予初始能量值 E。在网络拓扑生长阶段,由于网络尚未构建完全,合理假设节点间无数据传递发生,各个节点均无能量消耗。当网络构建完成,节点因监测任务需要,能量持续消耗。当能量耗尽,传感器节点失效且失效行为不可逆。Sink 节点不受能量约束限制。

(4)网络内包括 Sink 节点在内的所有节点均受传输距离限制,仅可在通信范围 R 内完成数据接收与发送。各节点可根据 RSSI(receiving signal strength indication)强度得到与其他节点的距离。

(5)因监测任务需要,传感器节点持续向 Sink 节点传递数据,且所发送的数据均被封装为大小一致,以 bit 为长度单位的标准数据包。

(6)忽略因感知环境所产生的能耗,传感器节点能耗采用一阶无线通信能耗模型[23](见图 3-2)。节点与距离为 d 的目标节点发送或者接收 l bit 数据所消耗的能量可由式(3-2)与式(3-3)分别计算得出:

$$E_{\mathrm{Tx}}(l,d)=l\times E_{\mathrm{elec}}+l\times\varepsilon_{\mathrm{amp}}\times d^2 \tag{3-2}$$

$$E_{\mathrm{Rx}}(l)=l\times E_{\mathrm{elec}} \tag{3-3}$$

式中:l 为所发送或接收数据包的 bit 长度;d 为发送节点与接收节点之间的距离;E_{elec} 是节点发送或者接收每 bit 数据所消耗的能量;$\varepsilon_{\mathrm{amp}}$ 是发送节点传递信息时单位距离的能耗放大倍数。

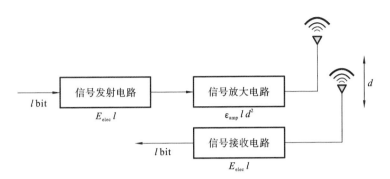

图 3-2   一阶无线通信能耗模型

为更好地对后续模型进行阐述,表 3-2 给出了模型中所涉及的参数定义。

表 3-2   模型参数说明

模 型 参 数	定 义
m_0	初始网络所拥有的节点数量
e_0	初始网络所拥有的链路数量
p	网络预设簇头比例
q	反择优删除概率
m	新增连接数
E_i	节点 i 能量值
Ω	局域世界集合
Ω^*	邻域节点集合
M	局域世界规模
$k_i(t)$	时刻 t 节点 i 的连接度
$S(t)$	时刻 t 网络所拥有的节点数量
$N(t)$	时刻 t 网络所拥有的簇头节点数量
$E(t)$	时刻 t 网络中簇头节点所拥有的总度数
k_{max}	饱和度约束
$\langle c \rangle$	网络簇头节点平均度
$\langle k \rangle$	网络节点平均度

3.2.2　拓扑演化模型

本章所提分簇无线传感器网络拓扑演化模型描述如下。

（1）初始化。

开始给定 m_0 个簇头节点与 e_0 条边。为保证网络中不出现孤立节点，各个簇头节点至少存在一条边与其他簇头节点相连。

（2）择优增长连接。

在每个时间步增加一个新节点，该节点成为簇头节点的概率为 p，随后依照特定概率分布赋予能量值。若新加入节点为簇头节点，则在其局域世界 Ω 内选取 $m(m \leqslant M)$ 个已存在簇头节点建立连接。若新加入节点为簇内成员节点，则在其局域世界 Ω 内选取一个已存在簇头节点建立连接。局域世界 Ω 是由从新加入节点单跳范围内已存在的簇头节点中随机选取的 M 个节点所构成的。新加入节点与已存在簇头节点建立链路时，依照择优概率 $\prod(i,t)$ 进行选择，择优概率 $\prod(i,t)$ 取决于被选择簇头节点的度数 $k_i(t)$ 及其能量值 E_i。为方便表述，定义能量函数 $f(E)$ 来表示节点能量与被选中连接的关系。该节点能量越充足，则与新加入节点建立连接的可能性就越大。这种方式有助于整个网络的能耗均衡。因此，设定 $f(E)$ 为单调递增函数，形式一般如 $E^{1/2}$、E 和 E^2。网络建设者可根据网络能耗要求，适当调节 $f(E)$。在时刻 t，新加入节点与已存在簇头节点 i 相连的概率 $\prod(i,t)$ 服从以下规则：

$$\prod(i,t) = \left[1 - \frac{k_i(t)}{k_{\max}}\right] \frac{f(E_i)k_i(t)}{\sum\limits_{j \in \Omega} f(E_j)k_j(t)} \qquad (3\text{-}4)$$

显然，若当前簇头节点度数 $k_i(t)$ 满足饱和度约束 $k_{\max}$，则 $1 - k_i(t)/k_{\max} = 0$，依照所定义规则，该节点被选择连接概率 $\prod(i,t) = 0$。择优增长连接使簇内成员节点仅可隶属于单一簇单元，而簇头节点则可与单跳范围内的 m 个邻居簇头建立通信，保证路由灵活度与拓扑抗毁性。

（3）反择优删除节点。

在每个时间步内，以概率 q 选择网络中某一个节点进行删除，并且与之相连的所有连接均被删除。在时刻 t，被删除节点 i 依照反择优概率 $\prod^*(i,t)$ 进行选择，即节点能量与度数越小，被选择删除的可能性就越大。

$$\prod\nolimits^*(i,t) = \frac{f(E_{\max})k_{\max} - f(E_i)k_i(t)}{\sum\limits_{j=1}^{S(t)} [f(E_{\max})k_{\max} - f(E_j)k_j(t)]} \qquad (3\text{-}5)$$

式中：E_{max} 为节点所能拥有的能量上限，$S(t)$ 为时刻 t 网络中的节点数量。依照反择优概率删除节点与在工业无线传感器网络中普遍存在的因节点能耗失效所引起的网络动态变化相互吻合。考虑到网络中可能因为节点删除而出现度为 0 的孤立节点，认定若网络中存在度数为 0 的节点，则将该节点从网络中永久性删除。

因此，按照上述规则经过一定时间演化，可得时刻 t 网络拥有的节点总数为 $S(t) = m_0 + (1-q)t$，簇头节点数量为 $N(t) = m_0 + p(1-q)t$。显然，当 $t \to \infty$ 时，$S(t) \approx (1-q)t$，$N(t) \approx p(1-q)t$。具体演化过程见表 3-3。

表 3-3　基于局域世界的分簇无标度拓扑演化模型

输入：簇头比例 p、网络规模 N、初始节点数量 m_0 和初始链路数量 e_0

输出：演化完成拓扑 G

Begin

1：生成节点数量 m_0 与链路数量 e_0 的初始连通网络 G_{init}

2：for $i \leftarrow 1$ To N Do

3：依照簇头比例 p 确定新入节点 i 路由角色 $U(i)$，并赋予能量 E_i

4：if $U(i) =$ cluster_head

5：依照式(3-4)选择 m 个已存在簇头节点与节点 i 建立连接

6：endif

7：if $U(i) =$ cluster_member

8：依照式(3-4)选择 1 个已存在簇头节点与节点 i 建立连接

9：endif

10：if Random$(0,1) \leq q$//Random$(0,1)$为区间$(0,1)$内随机数生成函数

11：依照式(3-5)从已存在节点中选择节点删除

12：endif

13：endfor

End

3.2.3　度分布理论分析

度分布 $P(k)$ 表示网络中任意节点度数为 k 的概率，是评估网络拓扑特征最直观有效的参数。当前针对无标度网络度分布的研究方法主要包括平均场

理论(mean-field theory)[24]、主方程法(master equation method)[25]和概率方程法(probabilistic equation method)[26]等。本章选取平均场理论计算所提演化模型生成网络拓扑的度分布。需要注意的是,在本章所提模型中,簇内成员节点仅可与簇头节点相连,该类节点度数始终为1。而对于簇头节点 i,伴随网络规模的扩大,$k_i(t)$ 动态增长,因此仅讨论簇头节点度分布演化规律。考虑到网络中仅有单一 Sink 节点,故对网络度分布影响可忽略不计。针对模型因局域世界规模 M 与新增连接数 m 设置不同所可能导致的演化差异,分以下情形进行讨论。

(1) 情形 1:$m < M$。

当新加入簇头节点被设置为仅与其局域世界内部分簇头节点建立连接,则在时刻 t 时,网络内已存在簇头节点 i 的连接度 $k_i(t)$ 满足如下动力学方程:

$$
\begin{aligned}
\frac{\mathrm{d}k_i(t)}{\mathrm{d}t} &= pm\frac{M}{N(t)}\prod(i,t) + (1-p)\frac{M}{N(t)}\prod(i,t) - q\sum_{j\in\Omega^*}\prod{}^*(j,t) \\
&= \left[1 - \frac{k_i(t)}{k_{\max}}\right](pm+1-p)\frac{M}{N(t)}\frac{f(E_i)k_i(t)}{\sum_{j\in\Omega}f(E_j)k_j(t)} \\
&\quad - q\frac{\sum_{j\in\Omega^*}[G-f(E_j)k_j(t)]}{S(t)}{\sum_{j=1}^{S(t)}[G-f(E_j)k_j(t)]}
\end{aligned}
\tag{3-6}
$$

式中:Ω^* 为簇头节点 i 单跳范围内邻域节点集合,$G = f(E_{\max})k_{\max}$。由于 $E_{\max}$ 与 $k_{\max}$ 均为网络初始配置参数,则可知 G 为预设常数。式(3-6)中的第 1 项表示新入节点为簇头节点时因择优连接所增加的链路。第 2 项表示新入节点为簇内成员节点时因择优连接所增加的链路。第 3 项表示因反择优删除节点所减少的链路。由演化机制可知,所生成网络度分布具有明显异质性,即少数节点占有网络中绝大多数连接,而多数节点是度数为 1 的边缘节点。因此,在保证网络具有足够规模的前提下,易得 $1 - k_i(t)/k_{\max} \approx 1$。

假定网络经过较长时间演化,对于由 M 个簇头节点所组成的局域世界 Ω,则有

$$
\sum_{j\in\Omega}f(E_j)k_j(t) \approx M\langle c\rangle f(\bar{E})
\tag{3-7}
$$

式中:$\langle c\rangle$ 表示网络中簇头节点的平均度;$\bar{E}$ 为网络中节点的能量期望。同理,对于邻域节点集合 Ω^* 与全局网络 $S(t)$,有

$$
\sum_{j\in\Omega^*}[G-f(E_j)k_j(t)] \approx \langle c\rangle[G-\langle k\rangle f(\bar{E})]
\tag{3-8}
$$

$$\sum_{j=1}^{S(t)} \left[G - f(E_j) k_j(t) \right] \approx \left[m_0 + (1-q)t \right] \left[G - \langle k \rangle f(\overline{E}) \right] \tag{3-9}$$

式中：$\langle k \rangle$ 为网络中节点的平均度。将式(3-7)、式(3-8)与式(3-9)代入式(3-6)中，可得

$$\frac{\mathrm{d}k_i(t)}{\mathrm{d}t} = \frac{pm+1-p}{N(t)} \frac{f(E_i)k_i(t)}{\langle c \rangle f(\overline{E})} - \frac{q\langle c \rangle}{m_0 + (1-q)t}$$

$$\approx \frac{pm+1-p}{p(1-q)t} \frac{f(E_i)k_i(t)}{\langle c \rangle f(\overline{E})} - \frac{q\langle c \rangle}{(1-q)t} \tag{3-10}$$

依照 Sarshar[27] 等所提供的方法，可得时刻 t 网络中簇头节点所拥有总度数 $E(t)$ 的动力学方程为

$$\frac{\mathrm{d}E(t)}{\mathrm{d}t} = \frac{\mathrm{d}\left[2m_0 + 2pmt + (1-p)t - qp\langle c \rangle t - q(1-p)t\right]}{\mathrm{d}t}$$

$$= 2pm + (1-q)(1-p) - qp\langle c \rangle \tag{3-11}$$

由 $\langle c \rangle$ 为网络中的簇头节点平均度，不难得到

$$\langle c \rangle = E(t)/N(t) \tag{3-12}$$

将式(3-12)与 $N(t) \approx p(1-q)t$ 代入式(3-11)，可得

$$\frac{\mathrm{d}E(t)}{\mathrm{d}t} + q \frac{E(t)}{(1-q)t} = 2pm + (1-q)(1-p) \tag{3-13}$$

式(3-13)为一阶线性微分方程，对其进行求解，可得

$$E(t) = \left[2pm + (1-q)(1-p)\right](1-q)t \tag{3-14}$$

将式(3-14)代入式(3-12)，可得

$$\langle c \rangle = \frac{E(t)}{N(t)} \approx \frac{2pm + (1-q)(1-p)}{p} \tag{3-15}$$

将式(3-15)代入式(3-10)，可得

$$\frac{\mathrm{d}k_i(t)}{\mathrm{d}t} = \frac{(pm+1-p)k_i(t)}{(1-q)\left[2pm+(1-q)(1-p)\right]t} \frac{f(E_i)}{f(\overline{E})} - \frac{q\left[2pm+(1-q)(1-p)\right]}{p(1-q)t}$$

$$\tag{3-16}$$

为方便表述，令

$$A = \frac{pm+1-p}{(1-q)\left[2pm+(1-q)(1-p)\right]}, \quad B = \frac{q\left[2pm+(1-q)(1-p)\right]}{p(1-q)}$$

则式(3-16)可被改写为

$$\frac{\mathrm{d}k_i(t)}{\mathrm{d}t} = A \frac{k_i(t)}{t} \frac{f(E_i)}{f(\overline{E})} - \frac{B}{t} \tag{3-17}$$

进一步对式(3-17)做等价变换，可得

$$\frac{\mathrm{d}k_i(t)}{A\frac{f(E_i)}{f(\bar{E})}k_i(t)-B}=\frac{\mathrm{d}t}{t} \tag{3-18}$$

由网络生成规则可知,每个簇头节点 i 新加入网络时有初始度 $k_i(t_i)=m$,将其作为式(3-18)的初始条件进行求解,可得

$$k_i(t)=\left(m-\frac{B}{Q}\right)\left(\frac{t}{t_i}\right)^Q+\frac{B}{Q} \tag{3-19}$$

式中:$Q=Af(E_i)/f(\bar{E})$。利用式(3-19)可得 $k_i(t)<k$ 的概率为

$$P[k_i(t)<k]=P\left[t_i>t\left(\frac{k-B/Q}{m-B/Q}\right)^{-1/Q}\right]=1-P\left[t_i\leqslant t\left(\frac{k-B/Q}{m-B/Q}\right)^{-1/Q}\right]$$
$$\tag{3-20}$$

一般假设以等时间间隔向网络中添加节点。因此,t_i 具有等概率密度 $P(t_i)=1/(m_0+t)$,则式(3-20)可改写为

$$P[k_i(t)<k]=1-\frac{t}{m_0+t}\left(\frac{k-B/Q}{m-B/Q}\right)^{-1/Q}\approx1-\left(\frac{k-B/Q}{m-B/Q}\right)^{1/Q} \tag{3-21}$$

对式(3-21)求导,可得网络度分布 $P(k)$ 为

$$P(k)=\frac{\partial P[k_i(t)<k]}{\partial k}=\frac{(k-B/Q)^{-(1+1/Q)}}{Q(m-B/Q)^{-1/Q}} \tag{3-22}$$

考虑节点能耗属性,网络度分布 $P(k)$ 可进一步化为

$$P(k)=\int_0^{E_{\max}}P(k)\rho(E)\mathrm{d}E=\int_0^{E_{\max}}\frac{(k-B/Q)^{-\gamma}}{Q(m-B/Q)^{-1/Q}}\rho(E)\mathrm{d}E \tag{3-23}$$

式中:$\rho(E)$ 为整个网络节点能量的概率密度分布,$E_{\max}$ 为节点能量值上限。由幂律分布一般形式 $P(k)\sim k^{-\gamma}$ 可以看出,网络度分布 $P(k)$ 符合幂律分布,且幂律指数 $\gamma=1+1/Q$。$P(k)$ 与局域世界规模 M、新增连接数 m、节点能量概率密度 $\rho(E)$、节点能量上限 $E_{\max}$、簇头比例 p、删除概率 q、能量分布函数 $f(E)$ 均有密切关联,但与网络节点规模无关,因而 $P(k)$ 具有明显的无标度特征。

(2)情形 2:$m=M$。

当新加入节点被设置为与其局域世界内全部簇头节点建立连接,则此时择优连接失效。网络内簇头节点 i 的连接度 $k_i(t)$ 满足如下动力学方程:

$$\frac{\mathrm{d}k_i(t)}{\mathrm{d}t}=pm\frac{M}{N(t)}\frac{1}{M}+(1-p)\frac{M}{N(t)}\frac{1}{M}-q\sum_{j\in\Omega^*}\prod{}^*(j,t)$$
$$\approx\frac{pm+1-p}{p(1-q)t}-q\frac{\sum\limits_{j\in\Omega^*}[G-f(E_j)k_j(t)]}{\sum\limits_{j=1}^{S(t)}[G-f(E_j)k_j(t)]} \tag{3-24}$$

情形 2 与情形 1 的区别在于择优范围的差异,但并不会影响网络统计学性质,因此可将式(3-8)、式(3-9)与式(3-10)代入式(3-24),可得

$$\frac{\mathrm{d}k_i(t)}{\mathrm{d}t} = \frac{pm+1-p}{p(1-q)t} - q\sum_{j\in\Omega^*}\prod{}^*(j,t)$$

$$\approx \frac{pm+1-p}{p(1-q)t} - \frac{q[2pm+(1-q)(1-p)]}{p(1-q)t} \tag{3-25}$$

利用初始条件 $k_i(t_i)=m$,对式(3-25)求解,可得

$$k_i(t) = \frac{pm+1-p-q[2pm+(1-q)(1-p)]}{p(1-q)} \ln\left(\frac{t}{t_i}\right) + m \tag{3-26}$$

利用式(3-26)可得 $k_i(t)<k$ 的概率为

$$P[k_i(t)<k] = P[t_i>te^J] = 1 - P[t_i \leqslant te^J] \tag{3-27}$$

式中:$J = \dfrac{-(k-m)p(1-q)}{pm+1-p-q[2pm+(1-q)(1-p)]}$。与情形 1 类似,假设以等时间间隔向网络中添加节点。因此,t_i 具有等概率密度 $P(t_i)=1/(m_0+t)$,则式(3-27)可改写为

$$P[k_i(t)<k] = 1 - \frac{t}{m_0+t}e^J \approx 1 - e^J \tag{3-28}$$

对式(3-28)进行求导,可得网络度分布为

$$P(k) = \frac{\partial P[k_i(t)<k]}{\partial k} = \frac{p(1-q)}{pm+1-p-q[2pm+(1-q)(1-p)]}e^J \tag{3-29}$$

由指数分布一般形式 $P(k)\sim e^{-\lambda k}$ 可以看出,网络度分布 $P(k)$ 符合指数分布特征。

3.2.4 仿真结果与分析

本小节针对所提演化模型度分布与容错性能分别设计仿真实验。所得仿真数据均为 50 次实验结果的平均值。仿真环境与网络能耗参数设定分别参见表 3-4 与表 3-5。

表 3-4 环境参数设定

环 境 参 数	取 值	环 境 参 数	取 值
网络节点规模 N	50、100、200	初始簇头节点数量 m_0	10
网络布设区域/m²	100×100	初始网络链路数量 e_0	10
节点最大通信半径 R/m	20	Sink 节点坐标/m	(50,50)

表 3-5　网络能耗参数设定

能 耗 参 数	取　　值	能 耗 参 数	取　　值
节点初始能量分布/J	$N(10,2)$	数据包长/bit	1000
发射电路损耗 E_{elec}/(J/bit)	50×10^{-6}	消息发送频率/(次/回合)	1
功率放大损耗 ε_{amp}/(J/(bit·m²))	10×10^{-9}	消息路由方式	最短路径

3.2.4.1　不同时刻生成拓扑情形

图 3-3 为依照参数设定 $p=0.1, M=5, m=1, q=0.1, k_{\max}=20$ 所生成的网络拓扑示意图。t 为网络演化过程中的单位时间步。如图 3-3(a)所示,依照初

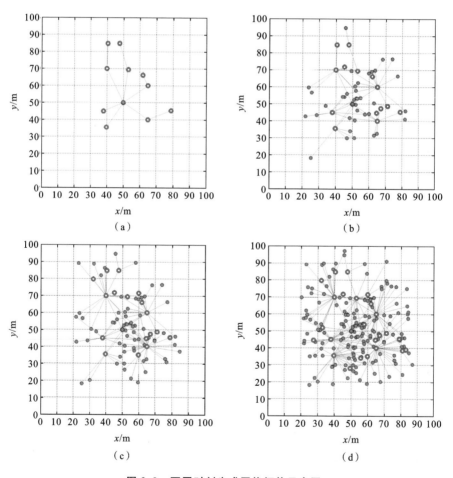

图 3-3　不同时刻生成网络拓扑示意图

(a) $t=0$;(b) $t=50$;(c) $t=100$;(d) $t=200$

始化设定条件,在二维平面随机布设 10 个簇头节点。初始网络簇头节点平均度 $\langle c \rangle = 1.4$,且网络度分布相对不均。多数簇头节点度数为 1,而处于网络中心位置的簇头节点度数为 4,为后期网络择优生长提供了良好支撑。图 3-3(b)所示为向网络中新加入 50 个节点后的拓扑生长情形。此时 $\langle c \rangle = 3.28$,网络中 82% 的节点度数为 1,关键簇头节点最高度数为 12。如图 3-3(c)所示,当 $t = 100$ 时,$\langle c \rangle = 6.07$。网络中 86% 的节点度数为 1,关键簇头节点度数最高可达 16,网络中心化程度进一步加深。但值得注意的是,此时网络中簇头节点最高度数仍低于 $k_{\max}$,饱和度约束不起作用。如图 3-3(d)所示,当 $t = 200$ 时,$\langle c \rangle = 9.23$,存在 3 个簇头节点度数满足饱和度约束 $k_{\max}$。根据数值分析结果,在现有参数设定下 $\langle c \rangle$ 的理论值为 10.1。对照不同时刻所生成的网络拓扑中的 $\langle c \rangle$ 值,不难发现,伴随网络规模的扩大,$\langle c \rangle$ 的实际值越来越接近 $\langle c \rangle$ 的理论值。这是由于:① 网络规模越大,实际网络度分布受初始网络度分布影响越小;② 数值分析基于网络规模足够大这一基础性前提。实际网络规模越大,则与理论分析情形越接近。

3.2.4.2　不同演化参数对网络度分布的影响

为评估不同演化参数对网络度分布的影响,分别选取不同簇头比例 $p = 0.1$、0.2、0.4、0.6,新增连接数 $m = 1$、2、3、4,度约束上限 $k_{\max} = 20$、40、100、∞,局域世界规模 $M = 1$、5、10、∞,移除节点比例 $q = 0.05$、0.01、0.15、0.2。为准确验证本章所提演化模型度分布特征,将网络规模扩大至 500。

图 3-4 所示为不同簇头比例 p 设定下的网络度分布 $P(k)$ 的变化情形。网络度分布 $P(k)$ 在不同簇头比例 p 设定下的差异并不明显。度分布均呈现出明显的无标度特征。与数值分析结果类似,伴随簇头比例 p 的上升,节点度分布曲线的截距明显缩短,使得网络在度数较小的范围内较早出现峰值,从而保证网络中的链路稀疏分布。

图 3-5 所示为设定不同新增连接数 m 时的网络度分布情形。伴随 m 取值的增大,节点度分布呈现出明显的翘尾特征。显然,m 值越大意味着网络内簇头节点所能拥有的连接数量越多,进而使得满足饱和度约束的簇头节点在网络中所占的比例上升。另外,观察曲线形状,m 取值的增加使得度分布曲线呈现出一定的收缩态势。这是由于当 m 取值越接近于局域世界规模 M,择优连接效果越弱,促使度分布曲线呈现出由幂尾型曲线向指数型曲线演化的过渡特征。

图 3-6 给出了演化模型度分布 $P(k)$ 与饱和度约束 $k_{\max}$ 之间的关系。随着 $k_{\max}$ 的增大,度分布曲线的重尾现象也随之明显增强。因此,通过对簇头节点的

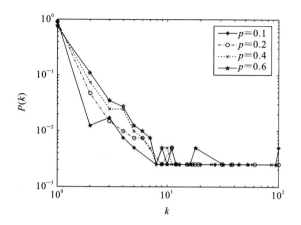

图 3-4　不同簇头比例 p 下的网络度分布($M=10$，$m=1$，$k_{\max}=100$，$q=0.1$)

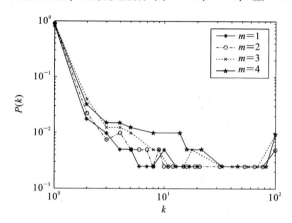

图 3-5　不同新增连接数 m 下的网络度分布($p=0.2$，$M=10$，$k_{\max}=100$，$q=0.1$)

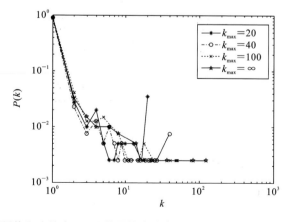

图 3-6　不同饱和度约束 $k_{\max}$ 下的网络度分布($p=0.2$，$m=1$，$M=10$，$q=0.1$)

所能拥有的最大连接数进行限制能够有效降低网络的非匀质程度,改善网络能耗负载,有利于延长网络生命周期。

图 3-7 给出了不同局域世界规模 M 下的网络度分布情形。伴随局域世界规模 M 的扩大,网络度分布表现出明显差异。当 $M=1$ 时,网络度分布曲线为明显的马头形,具备典型的指数分布特征,符合数值分析结果。伴随 M 的增长,度分布曲线由指数型曲线逐渐被拉直成为一条幂尾型曲线,无标度特征逐渐凸显。显然,局域世界规模 M 的选取与网络能否具备无标度特征有密切关联。

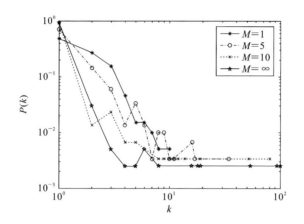

图 3-7　不同局域世界规模 M 下的网络度分布($p=0.2$,$m=1$,$k_{\max}=100$,$q=0.1$)

图 3-8 所示为不同删除概率 q 设定下的网络度分布情形。度分布曲线趋势彼此相似,均具备明显的无标度特征。但伴随 q 的增加,度数较低的节点在

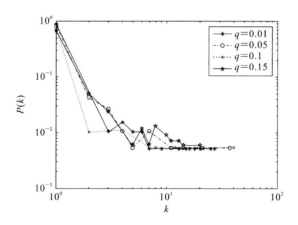

图 3-8　不同删除概率 q 下的网络度分布($p=0.2$,$m=1$,$k_{\max}=100$,$M=10$)

工业无线传感器网络抗毁性关键技术研究

网络中所占的比例明显下降。这是由于演化模型中的反择优删除机制的存在使得度数较低且剩余能量不足的节点有更大可能被选择性删除,而 q 的升高将增加该机制被触发的概率,进而导致此类边缘节点在网络中占有份额的下降。

3.2.4.3 不同网络演化模型度分布对比

为进一步验证所提演化模型与现有模型之间的差异,分别选取 B-A[2] 模型、L-W[3] 模型、文献[7]与[8]所提演化模型进行对比分析。所生成的 5 种网络节点规模均为 500。为保证所生成网络拓扑中的节点平均度 $\langle k \rangle$ 相对一致,设定每单位时间步内的新增节点与链路数量均为 1。具体参数如表 3-6 所示。

表 3-6　参数设置

无标度网络模型	参数说明	参　　数
B-A	新增连接数	$m=1$
L-W	局域世界规模	$M=5$
文献[7]	能量函数	$f(E)=E$
	簇头比例	$p=0.2$
	饱和度约束	$k_{max}=100$
文献[8]	能量函数	$f(E)=E$
	删除链路概率	$q=0.1$
本章模型	能量函数	$f(E)=E$
	局域世界规模	$M=5$
	簇头比例	$p=0.2$
	删除链路概率	$q=0.1$
	饱和度约束	$k_{max}=100$

如图 3-9 所示,不同演化模型生成的网络度分布均表现出明显的无标度特征,但彼此间仍存在显著差异。B-A 模型由于在全局范围内选取高度数节点与新增节点建立连接,使得网络拓扑的度分布异质性明显高于其他 4 种模型。但由于节点度分布不受饱和度约束,网络内度数较高的中心节点会因承担过多通信负载而导致能量过早耗尽。与 B-A 模型相比,L-W 模型与文献[8]所提模型在保证网络无标度特征的同时,节点所拥有的最高度数明显下降。但从能耗均衡角度,仍难以满足网络实际需求。本章所提模型与文献[7]所提模型由于考虑饱和度约束,网络度分布曲线呈现出明显的翘尾特征,即网络中达到饱和度约束上限的节点比例明显上升。但不难发现,文献[7]所提模型的度分布曲线存在明显波动,说明各个簇头节点所负责的簇内成员节点数量存在明显差异,

使得所生成簇单元规模差异明显,对后期拓扑管理与路由设计构成挑战。与文献[7]所提模型相比,本章所提模型由于"优胜劣汰"机制的存在,使得节点多数集中于度分布两端,即一端是度数为 1 的末端边缘节点,另一端是满足饱和度约束的中心簇头节点。这使得所生成簇单元规模大致相等,可为网络后期运行与维护提供良好支撑。

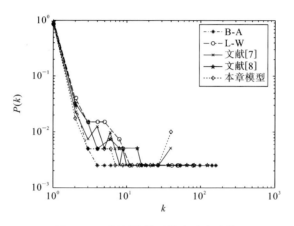

图 3-9　不同网络模型的度分布比较

3.2.4.4　容错性能分析

1. 网络容错性能评价指标

布置在工业环境中的无线传感器网络,通常会因为外部环境干扰等随机因素引发节点失效。失效节点会使得原本连通的网络拓扑分割,从而明显降低网络的连通度与覆盖度,甚至导致全局网络瘫痪。通常我们将工业无线传感器网络应对随机失效的容忍能力定义为容错性[28]。容错性作为网络抗毁性的主要内涵之一,是确保工业无线传感器网络能够持续稳定提供可靠服务的关键。因此,本节通过评估随机攻击策略下网络内剩余节点存活率来验证所提网络演化模型的容错性能。对于包含 n_0 个节点的初始网络,从网络中随机移除 m_a 个节点,剩余节点中仍有 n_s 个节点与 Sink 节点维持有效连通,则遭受攻击后网络剩余节点的存活率为

$$C = \frac{n_s}{n_0 - m_a} \tag{3-30}$$

不难理解,伴随网络所遭受攻击程度的加深,网络中剩余可用节点的数量也将随之递减。对于容错性能较优的网络而言,应确保在遭受攻击后,绝大多

数幸存节点仍可继续将数据传递至 Sink 节点。

2. 不同参数对网络容错性能的影响

为评估所提演化模型中不同参数对网络容错性能的影响,分别选取不同簇头比例 $p=0.1$、0.2、0.4、0.6,新增连接数 $m=1$、2、3、4,度约束上限 $k_{max}=20$、40、100、∞,局域世界规模 $M=1$、5、10、∞,移除节点比例 $q=0.05$、0.1、0.15、0.2。网络规模设置为 500。

如图 3-10 所示,簇头比例 p 的上升将导致网络容错性能的下降。当 $p=0.1$ 时,若从网络中随机移除 200 个节点,$C=0.297$。当 $p=0.6$ 时,C 降至 0.088,仅为前者的 30%。簇头比例 p 的上升,将使网络中有更多数量的簇头节点参与新入链路的分配,导致高度数簇头节点在网络中所占比例的降低。这与度分布结果 p 取值上升致度分布曲线截距缩短现象相一致。

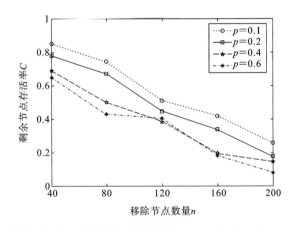

图 3-10 不同簇头比例 p 下的网络容错性能($m=1$, $M=10$, $k_{max}=100$, $q=0.1$)

如图 3-11 所示,伴随新增连接数 m 的上升,网络容错性能得到明显改善。依据演化机制,新加入网络的簇头节点与其局域世界内 m 个已有簇头节点保持连通。显然,m 值越高意味着簇头节点连通性越好,网络容错性能也将随之得到改善。但值得注意的是,m 值的上升意味着簇头节点用于邻域交互的通信开销的增加。因此,应合理设定 m 值。

如图 3-12 所示,饱和度约束 k_{max} 与网络容错性能呈正相关。伴随 k_{max} 的增长,将加剧网络中"赢者通吃"的现象,使网络中度数较高的节点有更高概率与新入节点建立连接。当 k_{max} 较低时,高度数节点因满足饱和度约束而无法获得新入连接,新入节点从而与低度数节点建立连接,使网络度分布异质性下降,导

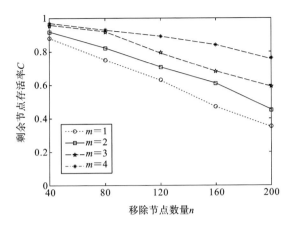

图 3-11　不同新增连接数 m 下的网络容错性能($p=0.2$，$M=10$，$k_{\max}=100$，$q=0.1$)

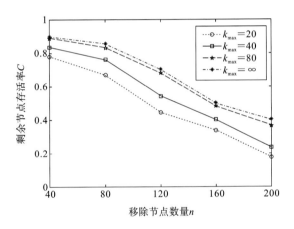

图 3-12　不同饱和度约束 $k_{\max}$ 下的网络容错性能($p=0.2$，$m=1$，$M=10$，$q=0.1$)

致网络面对随机攻击时受损程度加深。

　　如图 3-13 所示,伴随局域世界规模 M 的上升,网络容错性能得到改善。根据度分析结果,局域世界规模 M 是构建网络无标度特征的关键属性。随着 M 的上升,网络拓扑也将完成由指数分布网络向无标度网络的过渡。在此过程中,网络度分布的异质性得到显著增强,网络容错性能也随之得到改善。

　　如图 3-14 所示,删除概率 q 与网络容错性能呈负相关。不难理解,伴随 q 值上升,度数较低的节点在网络中所占的比例逐渐下降,促使高度数节点在网络中占有的份额上升,使得此类中心节点有更高概率遭遇随机攻击,进而导致网络抗毁性能下降。

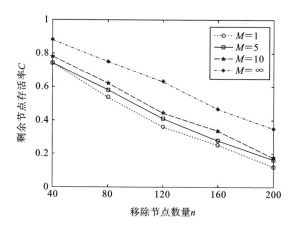

图 3-13 不同局域世界规模 M 下的网络容错性能($p=0.2$, $m=1$, $k_{\max}=100$, $q=0.1$)

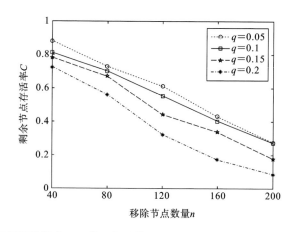

图 3-14 不同删除概率 q 下的网络容错性能($p=0.2$, $m=1$, $k_{\max}=100$, $M=10$)

通过观察不难发现,簇头比例 p 和删除比例 q 与网络容错性能呈负相关。相反,局域世界规模 M、饱和度约束 $k_{\max}$、新增连接数 m 与网络容错性能呈正相关。因此,为保证网络具有良好容错性,需合理控制网络内的簇头规模以及尽可能降低因能耗等所带来的节点删除概率 q。与此同时,提升局域世界规模 M、饱和度约束 $k_{\max}$ 与新增连接数 m。但值得注意的是,考虑到在工业环境下网络全局信息获取困难以及过高饱和度约束 $k_{\max}$ 与过多新增连接数 m 所带来的能耗失衡问题,如何采取均衡策略构建网络演化模型将是未来研究的重要方向。

3.2.4.5 不同网络演化模型容错性能对比

如图 3-15 所示,随着移除节点数量的增多,5 种演化模型剩余节点存活率

C 明显下降。其中,B-A 模型容错性能最优。但正如前文所述,B-A 模型与真实情形差异明显,且未考虑能耗均衡,因此拓扑可用性难以满足要求。本章所提模型容错性能仅次于 B-A 模型,因在网络演化过程中引入分簇结构,并且考虑能耗均衡,所生成的拓扑在保证具有较强容错性能的同时,具备较好的场景适用性。

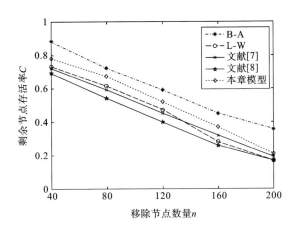

图 3-15 不同网络模型容错性能比较

3.3 基于小世界网络的长程连接布局策略

3.2 节中所提分簇无标度局域世界演化模型度分布 $P(k)$ 符合幂律分布,这就决定了网络中少数中心节点占用了绝大部分连接,而网络中绝大部分节点度数较低,使度分布表现出明显的异质性。当面对随机失效时,中心节点失效概率极小,网络也因此具有了良好的容错性能。但中心节点所拥有的连接过多,使得此类节点能耗远高于其他一般节点,这将会引发严重的能量空洞问题。因此,本节首先给出用于评估网络负载均衡程度的有效测度-有向介数网络结构熵,并在此基础上,提出长程连接布局策略,通过在无标度拓扑中构造小世界网络的方式,解决因无标度拓扑度分布异质性所引发的能量空洞问题。

3.3.1 有向介数网络结构熵

在复杂网络中,我们通常将节点在网络中的重要性程度定义为节点的中心化程度,不同类型的网络通常需要不同的中心化测度来进行中心化度量。典型的中心化测度通常包括度中心度、紧密度中心度、介数中心度和特征向量中心度等。但对于具备典型分簇结构的工业无线传感器网络而言,已有中心化测度并不能真实反映节点在网络中的重要性程度。图 3-16 为工业无线传感器网络典型分簇结构示意图。节点 1 为 Sink 节点。

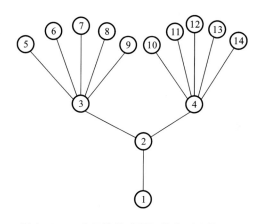

图 3-16　工业无线传感器网络典型分簇结构

表 3-7　多种中心化测度比较

节点序号	度中心度	紧密度中心度	介数中心度	特征向量中心度
2	0.23	0.565	0.615	0.59
3～4	0.461	0.52	0.641	0.69
5～14	0.069	0.351	0	0.255

表 3-7 为采用多种中心化测度对图 3-16 所示工业无线传感器网络典型分簇结构的度量结果。不难发现:节点 3 和 4 除在紧密度中心度上略低于节点 2,其余所有指标均高于节点 2。但实际上,如果节点 2 由于某种原因停止工作,则整个网络都将陷入瘫痪。而节点 3 或节点 4 停止工作,整个网络中仍有大约 50% 的节点可以正常工作。尽管在紧密度中心化指标上,节点 2 略高于节点 3 和 4,但其幅度并不足以说明节点 2 的中心化程度。所以上述中心化测度都无法准确描述传感器节点在网络中的中心化程度。因此,本节提出一种全新的中心化测度-有向介数中心度 $C(i)$,有

$$C(i) = \frac{\sum\limits_{k \in V_s} g_k(i)/g_k}{|V_s|}$$

(3-31)

式中:$g_k(i)$表示节点 k 至 Sink 节点最短路径经过节点 i 的次数;g_k 表示节点 k 至 Sink 节点最短路径的条数;V_s 为除 Sink 节点外,由网络内传感器节点所构成的集合,$|V_s|$ 为该集合大小。在连通网络中,对于给定节点 i,最极端的情况为网络中除 Sink 节点外其他节点的最短路径均经过该节点,此时该节点的有向介数中心度 $C(i)$ 取最大值 1。由于节点对自身所产生流量具有决定性影响,可合理认为 $g_i(i) = g_i$。若节点 i 无其他节点最短路径经过,则节点 i 的有向介数中心度 $C(i)$ 取最小值 $1/|V_s|$。通过表 3-7 不难发现:有向介数中心度准确地刻画了网络中节点的中心化程度,节点 2 的中心化程度约为节点 3 和 4 的两倍,而剩余节点中心化的程度均为 0.076,仅为自身所占网络权重,说明剩余节点失效与否对整个网络中其他节点均不构成影响。值得注意的是,若网络中存在孤立节点,即该节点不存在通往 Sink 节点的有效链路,则认为该节点的有向介数中心度为 0。在此基础上,对 $C(i)$ 作归一化处理,可得有向介数标准中心度 $S(i)$:

$$S(i) = \frac{C(i)}{\sum_{j \in V_s} C(j)} \tag{3-32}$$

熵(entropy)作为评价系统无序程度的有效测度,已经成为研究各种复杂系统的重要理论工具。在网络中,熵衡量的是网络的匀质程度。若网络结构越均匀,则熵越大;反之,则熵越小[29]。对于工业无线传感器网络而言,节点间能耗不均,是造成网络能量空洞的主要原因[30],而有向介数中心度能够较好地描述各节点因网络位置不同所引发的能耗差异。因此,本节提出有向介数网络结构熵用来测量网络的能耗不均匀程度。首先给出有向介数网络结构熵定义:

$$EN = -\sum_{j \in V_s} S_j \ln S_j \tag{3-33}$$

不难发现,对于由 $|V_s|$ 个传感器节点与单个 Sink 节点所组成的传感器网络,当网络中所有节点均与 Sink 节点直接相连时,网络完全均匀,EN 取最大值:

$$EN_{max} = -\sum_{j \in V_s} \frac{1}{|V_s|} \ln \frac{1}{|V_s|} = \ln|V_s| \tag{3-34}$$

当网络中的 $|V_s| - 1$ 个节点全部连接至剩余单一节点,且该节点与 Sink 直接相连时,网络结构最不均匀,EN 取最小值。不失一般性,设节点 1 为中心节点与 Sink 直接相连,其余节点均与节点 1 直接相连,即当

$$S(j)=\begin{cases}\dfrac{1}{1+(|V_s|-1)/|V_s|}=\dfrac{|V_s|}{2|V_s|-1}, & j=1\\[4mm]\dfrac{1/|V_s|}{1+(|V_s|-1)/|V_s|}=\dfrac{1}{2|V_s|-1}, & j\neq1\end{cases} \quad (3\text{-}35)$$

时,EN 取最小值 $\mathrm{EN}_{\min}$,有

$$\mathrm{EN}_{\min}=-S(1)\ln S(1)-\sum_{j=2}^{|V_s|}S(j)\ln S(j)$$

$$=\frac{-|V_s|}{2|V_s|-1}\ln|V_s|+\ln(2|V_s|-1) \quad (3\text{-}36)$$

对 EN 进行归一化处理,可得标准结构熵为

$$\overline{\mathrm{EN}}=\frac{\mathrm{EN}-\mathrm{EN}_{\min}}{\mathrm{EN}_{\max}-\mathrm{EN}_{\min}}$$

$$=\frac{(2|V_s|-1)\mathrm{EN}-(2|V_s|-1)\ln(2|V_s|-1)+|V_s|\ln|V_s|}{(3|V_s|-1)\ln|V_s|-(2|V_s|-1)\ln(2|V_s|-1)} \quad (3\text{-}37)$$

3.3.2 长程连接布局策略

小世界网络因具有较大的聚类系数与较小的平均路径长度等优良拓扑属性,被广泛应用于改善现有网络性能。在工业无线传感器网络研究领域,小世界网络也被成功证明:用户仅需投入少量硬件成本,即可换取网络性能的巨大提升。因此,本章通过在已有分簇无标度拓扑中引入长程连接使其具备小世界网络特征,进而用于解决因无标度拓扑度分布异质性所引发的能量空洞问题。在工业场景中,线缆等基础设施较一般场景更为完善,这也为后期在网络中构造长程连接提供了有利条件。除此之外,用户也可通过在网络中引入中继节点的方式构造长程连接。在该方式中,由两个中继节点作为长程连接的端点,将二者所建立的远距离无线通信链路作为长程连接。本章仅对长程连接布局策略展开研究,不对长程连接构造形式做具体要求,用户可根据场景需要,自行选择搭建方式。

长程连接布局策略如下。

步骤 1:根据式(3-37)计算已有分簇无标度网络拓扑的标准结构熵 $\overline{\mathrm{EN}}$;

步骤 2:从已有簇头节点中任意选取一对簇头节点作为预选长程连接的端点,并将预选长程连接端点的节点 ID 成对放入预选集合;

步骤 3:若拟建立长程连接与网络内已有链路或预选集合内连接重合,则重新执行步骤 2;

步骤 4:根据式(3-37)重新计算网络标准结构熵 $\overline{\mathrm{EN}}^*$;

步骤 5：若$\overline{EN}^* - \overline{EN} \geqslant \delta_s$，则认定所添加长程连接有效，其中$\delta_s$为判定阈值。反之，则重新执行步骤 2 至步骤 4，直至满足条件$\overline{EN}^* - \overline{EN} \geqslant \delta_s$为止；

步骤 6：重复执行步骤 1 至步骤 5，直至网络中已有长程连接能够满足网络性能升级需要。

具体策略流程如图 3-17 所示。

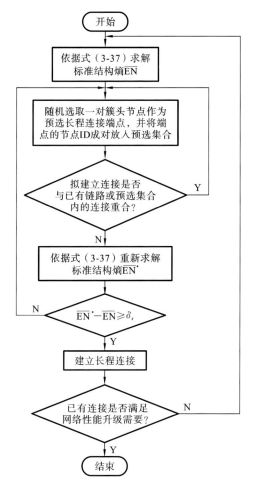

图 3-17　长程连接布局策略流程示意图

不难发现，所提布局策略的基本思想是通过将有向介数网络结构熵作为评价网络内新增长程连接效用的依据，若拟建立连接对网络标准结构熵的提升效果不明显，则重新选择长程连接直至符合预期目标。

3.3.3 仿真结果与分析

为验证所提长程连接布局策略对分簇无标度网络拓扑的性能提升效果,选取节点规模为 500 的分簇无标度网络拓扑作为初始网络,其他参数与表 3-4、表 3-5 一致。

3.3.3.1 网络平均路径长度与聚类系数分析

小世界网络具有较小的平均路径长度与较大的聚类系数。因此,选取平均路径长度与聚类系数作为评估无线传感器网络是否具有小世界网络特性的特征值。但需要注意的是,在复杂的网络研究中,通常选取网络中所有节点间的平均最短跳数作为网络平均路径长度。但工业无线传感器网络作为典型的数据汇聚网络,数据传递具有明显的方向性,即全网数据均在 Sink 节点端汇聚。广义网络平均路径长度并不适用于工业无线传感器网络。因此,重新定义工业无线传感器网络平均路径长度为网络中所有传感器节点到达 Sink 节点的平均最短跳数。

图 3-18 为增设不同数量长程连接后归一化平均路径长度 $L(N_l)/L(0)$ 与聚类系数 $C(N_l)/C(0)$ 示意图,其中 N_l 为增设长程连接数量。$L(0)$ 与 $C(0)$ 分别为不添加长程连接($N_l=0$)时的初始网络平均路径长度与聚类系数,$L(N_l)$ 与 $C(N_l)$ 分别为添加 N_l 条长程连接后的网络平均路径长度与聚类系数。不难发现,依照所述长程连接布局策略,网络平均路径长度迅速下降,而网络聚类系数下降相对缓慢,从而使网络在保持较小平均路径长度的同时,具有较大的聚

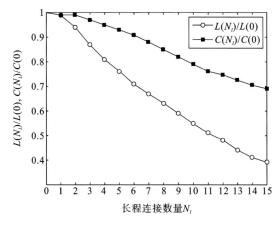

图 3-18 增设不同数量长程连接后 $L(N_l)/L(0)$ 与 $C(N_l)/C(0)$ 示意图($\delta_s=0.04$)

类系数,确保网络整体和局部均保持较好的连通性,符合小世界网络特征。

如图 3-19 所示,伴随判定阈值 δ_s 的上升,网络聚类系数几乎不发生改变,而网络平均路径长度出现一定幅度下降。不难理解,δ_s 值的上升意味着长程连接的选择条件更为苛刻。为满足条件 $\overline{EN}^* - \overline{EN} \geqslant \delta_s$,所建立长程连接长度通常也随之增加,使小世界网络特征更为凸显。

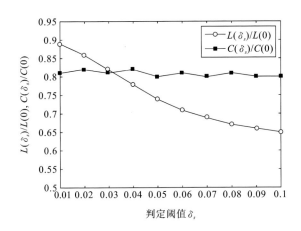

图 3-19   设定不同判定阈值 δ_s 后 $L(\delta_s)/L(0)$ 与 $C(\delta_s)/C(0)$ 示意图($N_l = 10$)

3.3.3.2   网络能耗分析

如图 3-20 所示,对于初始网络,当运行至第 100 个时间步,仅有约 32% 的节点剩余能量充足且与 Sink 节点维持有效链路。伴随长程连接数量的增加,

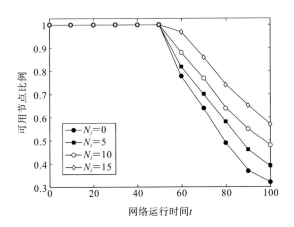

图 3-20   增设不同数量长程连接后网络剩余可用节点比例($\delta_s = 0.06$)

网络内剩余的可用节点比例明显得到改善。当增设长程连接数量为 10 时,在相同时刻下,网络中仍有 48% 的节点可正常工作。这是由于长程连接数量的增加,一方面可以通过缩短网络平均路由长度,减少消息到达 Sink 节点跳数,以达到降低网络整体能耗的目的;另一方面通过均衡网络负载,避免少数关键节点能量过早耗尽。

如图 3-21 所示,与增加长程连接数量的效果类似,判定阈值 δ_s 的增加同样能够有效改善网络的能耗性能。当 $\delta_s=0.02$ 时,当网络运行至第 100 个时间步,约有 38% 的节点可正常工作。当 δ_s 增至 0.04,在相同时刻下,网络剩余可用比例上升至 43%。当 δ_s 到达 0.06,长程连接对网络能耗性能的提升效果趋于饱和。值得注意的是,δ_s 的增加将导致算法迭代次数明显上升。因而,在策略设计时应选取合适的 δ_s 值,确保在改善网络能耗性能的同时,维持较低的算法复杂度。

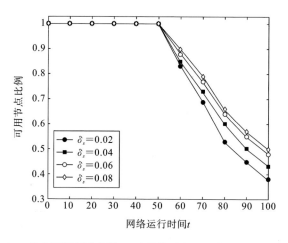

图 3-21　设定不同判定阈值 δ_s 后网络剩余可用节点比例($N_l=10$)

3.3.3.3　不同布设策略能耗性能对比分析

在对比实验中,选取最具有代表性的 ODASM 策略[18]作为参考策略,判定阈值 δ_s 设为 0.06。如图 3-22 所示,与 ODASM 策略相比,本章所提长程连接布局策略对网络能耗性能的改善效果更为明显。ODASM 策略通常在 Sink 节点近端与远端分别选取传感器节点作为长程连接端点。尽管这样的选择方式能够有效缩短网络边缘节点到达 Sink 节点的距离,进而达到降低网络因中继转发所产生的额外能量消耗的目的,但是对位于 Sink 节点近端的节点而言,因转发所带来的能量消耗并未明显降低,能耗不均现象并未得到有效缓解,所以总体能耗表现并不理想。

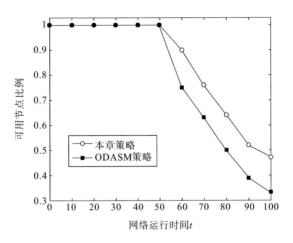

图 3-22 增设不同数量长程连接后网络剩余可用节点比例($\delta_s = 0.06$)

图 3-23 所示为分别依照本章所提策略与 ODASM 策略在图 3-3(d)所示网络拓扑中布设 10 条长程连接后的情形。为进一步验证两种策略对网络能耗均衡的改善效果,图 3-24 给出了以上两种拓扑情形的能耗分布示意图。需要注意

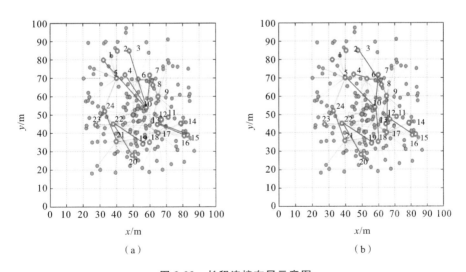

图 3-23 长程连接布局示意图

(a) 本章策略;(b) ODASM 策略

的是,从网络构建完成后的初始时刻直到有节点因能量耗尽而失效,每个节点所产生的能耗固定不变。因此,选取该时期内任意时刻网络中的节点能耗分布作为能耗分析样本。

如图 3-24 所示,在所生成的两种拓扑情形中,靠近坐标为(50,50)的 Sink 节点区域均为网络高能耗区域。与 ODASM 策略相比,本章所提策略生成的拓扑情形总体能耗分布更为均匀,其中簇头节点在单位时刻最高能耗为 0.212 J,且 Sink 节点周边簇头节点彼此间的能耗差异并不明显。对于 ODASM 策略所生成的拓扑情形,Sink 节点周边簇头节点最高能耗高达 0.275 J,且周边存在多个簇头节点能耗高于 0.2 J,能量空洞问题依旧较为严重。

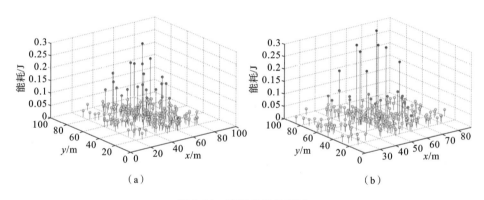

(a) (b)

图 3-24 能耗分布示意图
(a) 本章策略;(b) ODASM 策略

为进一步验证本章所提策略的能耗表现,分别对图 3-25 所示拓扑中的簇头节点 ID 进行标定,并展开能耗分析。如图 3-25 所示,在 ODASM 策略中,单位时刻耗能最高的前 5 位簇头节点 ID 为 5,9,17,21 与 22,能耗分别为 0.224 J,0.206 J,0.275 J,0.245 J,0.212 J,占所有簇头节点总能耗的 51%。由于网络中绝大部分数据均需依赖上述簇头节点中继转发,此类节点在网络运行不久后会将能量迅速耗尽。而在本章所提策略中,尽管耗能最高的前 5 位簇头节点 ID 与 ODASM 策略一致,但各节点能耗均有一定程度下降,仅占所有簇头节点总能耗的 39%。网络负载均衡程度较 ODASM 策略得到明显改善,从而很大程度上缓解了能量空洞效应对网络生存周期的影响。分别求解本章策略与 ODASM 策略的簇头节点能耗均值与方差:ODASM 策略的簇头节点能耗均值与方差分别为 0.153 J 与 6.45×10^{-3} J²;与之相比,本章所提策略的簇头节点能耗均值与方差分别为 0.136 J 与 3.65×10^{-3} J²,能耗均衡表现得到进一步验证。

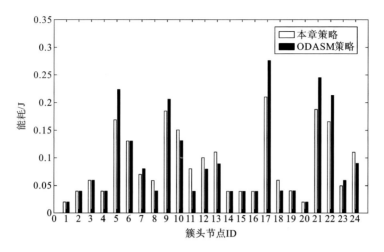

图 3-25   簇头节点能耗对比示意图

3.4   本章小结

本章面向工业无线传感器网络典型分簇结构,提出了一种全新的无标度拓扑局域世界演化模型。该演化模型具有以下特点:① 所得网络拓扑为典型分簇结构,满足工业无线传感器网络真实场景需要;② 为提升整个网络的能量效率,模型中新加入节点的优先连接概率取决于网络中已有簇头节点的剩余能量值与连接度;③ 为解决因节点度过大而导致能量过早耗尽的难题,模型中引入饱和度约束,对节点度大小进行限制;④ 为贴近真实网络情形,引入优胜劣汰机制。随后,通过理论分析与仿真验证相结合的方式探讨了模型中各关键参数对网络度分布与容错性能的影响。研究结果表明:扩大局域世界规模、提升饱和度约束上限与新增连接数量可有效改善网络容错性能,而簇头比例与节点删除概率的上升将导致网络容错性能的下降。

以上结论为后续构建容错性能较优的工业无线传感器网络拓扑提供了理论参考。在此基础上,提出了一种用于评估网络负载均衡程度的有效策略——有向介数网络结构熵,并以该测度为基础设计了长程连接布局策略,解决了因无标度拓扑度分布异质性所引发的能量空洞问题。

本章参考文献

[1] Barabási A L,Albert R,Jeong H. Scale-free characteristics of random

networks：the topology of the world-wide web［J］. Physica A：Statistical Mechanics and Its Applications，2000，281(1)：69-77.

［2］Barabási A L，Albert R. Emergence of scaling in random networks［J］. Science，1999，286(5439)：509-512.

［3］Li X，Chen G. A local-world evolving network model［J］. Physica A：Statistical Mechanics and Its Applications，2003，328(1)：274-286.

［4］Zhu H，Luo H，Peng H，et al. Complex networks-based energy-efficient evolution model for wireless sensor networks［J］. Chaos，Solitons & Fractals，2009，41(4)：1828-1835.

［5］Zhang D，Li G，Zheng K，et al. An energy-balanced routing method based on forward-aware factor for wireless sensor networks［J］. IEEE Transactions on Industrial Informatics，2014，10(1)：766-773.

［6］刘浩然，韩涛，李雅倩，等. 具有路径能耗优化特性的 WSN 无标度容错拓扑控制算法［J］. 通讯学报，2014，35(6)：64-72.

［7］Li S，Li L，Yang Y. A local-world heterogeneous model of wireless sensor networks with node and link diversity［J］. Physica A：Statistical Mechanics and Its Applications，2011，390(6)：1182-1191.

［8］姜楠，周日贵，郑洪源，等. 无线传感器网络中的局域世界演化模型［J］. 南京航空航天大学学报，2008，40(3)：230-233.

［9］罗小娟，虞慧群. 基于能量感知的无线传感器网络拓扑演化［J］. 传感技术学报，2010，23(12)：1798-1802.

［10］陈力军，刘明，陈道蓄，等. 基于随机行走的无线传感器网络簇间拓扑演化［J］. 计算机学报，2009，32(1)：69-76.

［11］王亚奇，杨晓元. 一种无线传感器网络簇间拓扑演化模型及其免疫研究［J］. 物理学报，2012，61(9)：6-14.

［12］Chinnappen-Rimer S，Hancke G P. Modelling a wireless sensor network as a small world network［C］// Proceedings of the 2009 IEEE International Conference on Wireless Networks and Information Systems，2009：7-10.

［13］Helmy A. Small worlds in wireless networks［J］. IEEE Communications Letters，2003，7(10)：490-492.

［14］Chitradurga R，Helmy A. Analysis of wired short cuts in wireless sensor networks[C]// Proceedings of the 2004 IEEE/ACS International Conference on Pervasive Services，2004：167-177.

[15] Sharma G，Mazumdar R. Hybrid sensor networks：a small world[C]// Proceedings of the 6th ACM International Symposium on Mobile Ad Hoc Networking and Computing，2005：366-377.

[16] Hawick K A，James H A. Small-world effects in wireless agent sensor networks[J]. International Journal of Wireless and Mobile Computing，2010，4(3)：155-164.

[17] Guidoni D L，Mini R A F，Loureiro A A F. On the design of heterogeneous sensor networks based on small world concepts[C]// Proceedings of the 11th ACM International Symposium on Modeling，Analysis and Simulation of Wireless and Mobile Systems，2008：309-314.

[18] Guidoni D L，Mini R A F，Loureiro A A F. On the design of resilient heterogeneous wireless sensor networks based on small world concepts [J]. Computer Networks，2010，54(8)：1266-1281.

[19] Fu X，Li W，Fortino G. Empowering the invulnerability of wireless sensor networks through super wires and super nodes[C]// Proceedings of the 2013 13th IEEE/ACM International Symposium on Cluster，Cloud and Grid，2013：561-568.

[20] Shah R C，Roy S，Jain S，et al. Data mules：Modeling and analysis of a three-tier architecture for sparse sensor networks[J]. Ad Hoc Networks，2003，1(3)：215-233.

[21] Jain S，Shah R C，Brunette W，et al. Exploiting mobility for energy efficient data collection in wireless sensor networks[J]. Mobile Networks and Applications，2006，11(3)：327-339.

[22] 周四望，林亚平，聂雅琳，等. 无线传感器网络中基于数据融合的移动代理曲线动态路由算法研究[J]. 计算机学报，2007，30(6)：894-904.

[23] Heinzelman W R，Chandrakasan A，Balakrishnan H. Energy-efficient communication protocol for wireless microsensor networks[C]// Proceedings of the 33rd Annual Hawaii International Conference on System Sciences，2000：10(3)：1-10.

[24] Barabási A L，Albert R，Jeong H. Mean-field theory for scale-free ran-

dom networks[J]. Physica A：Statistical Mechanics and Its Applications，1999，272(1)：173-187.

[25] Strogatz S H. Exploring complex networks[J]. Nature，2001，410 (6825)：268-276.

[26] Dorogovtsev S N，Mendes J F F，Samukhin A N. Size-dependent degree distribution of a scale-free growing network[J]. Physical Review E，2001，63(6)：062101.

[27] Sarshar N，Roychowdhury V. Scale-free and stable structures in complex ad hoc networks[J]. Physical Review E，2004，69(3)：026101.

[28] 李洪兵. 无线传感器网络故障容错机制与算法研究[D]. 重庆：重庆大学，2014.

[29] 罗鹏，李永立，吴冲. 利用网络结构熵研究复杂网络的演化规律[J]. 复杂系统与复杂性科学，2013，10(4)：62-68.

[30] Ammari H M. Investigating the energy sink-hole problem in connected covered wireless sensor networks[J]. IEEE Transactions on Computers，2014，63(11)：2729-2742.

第4章
抗毁性容量优化

第3章中提出的拓扑演化方法解决了无线传感器网络在复杂工业环境下因随机失效所导致的拓扑抗毁性问题,确保了所生成网络拓扑在遭受随机攻击后剩余的多数节点仍能与 Sink 节点保持有效连通。拓扑抗毁性问题的实质是从静态角度研究移除点或边对网络连通性的影响,并未考虑因拓扑改变所引发的网络动态性过程。因此,该问题的解决仅仅可被视为网络抗毁性优化的第一步。

在工业中,为满足安防、巡检等任务场景需要,以无线多媒体网络为代表的无线传感器网络所发送的数据通常涵盖声音、图像、视频等复杂数据格式,使得网络较一般无线传感器网络所遭受的数据流量冲击更为明显。若网络拓扑结构发生改变,将会导致网络数据流量重新分配。受制于硬件成本,传感器节点往往链路带宽受限。当实时通信负载高于节点额定容量,将会导致节点因链路堵塞而引发过载失效,从而引发新一轮的负载分配。以上负载重分配过程的连续多次运行,将可能导致网络大规模级联失效的发生。级联失效作为因网络拓扑变化所引发的网络动态性过程,已成为影响网络抗毁性能的主要因素之一。

基于上述分析,本章考虑真实情形下的工业无线传感器网络普遍存在的分簇结构,引入中继负载与感知负载概念,建立了参数可调的分簇级联失效模型,并通过理论推导与仿真分析相结合的方式,验证了模型中各关键参数对分簇网络级联失效抗毁性能的影响。在此基础上,基于节点容量扩充方式,提出了一种网络级联失效抗毁性能提升方法,用于解决分簇网络级联失效抗毁性的优化难题。

4.1　研究现状

当前针对网络级联失效问题,有众多学者展开研究。Motter[1]等最早提出负载-容量模型。该模型定义每个节点均拥有一定容量并承担相关负载。当节点失效行为发生,该节点所承担的负载按照预设规则转移至网络中剩余的其他节点。后续诸如 CASACADE 模型[2]、OPA 模型[3]、AC-blockout 模型[4]与二值影响模型[5]等均是在负载-容量模型基础之上发展而来的。

现实世界中,不同类型网络所对应的级联失效情形各不相同。研究表明:输配电网络[6]、物流保障网络[7]、交通网络[8]及因特网[9]等均具有明显的级联失效特征,但彼此间的级联失效行为具有明显差异。尽管当前针对网络级联失效的研究成果众多,但多数成果的研究对象为一般关系网络、输配电网络与物流网络等。而无线传感器网络作为一种以数据为中心的新兴任务驱动网络,相关级联失效研究仍处于起步阶段。Liu[10]等基于介数定义节点负载,建立无线传感器网络级联失效模型,并在此基础上提出级联失效抗毁性测度。由于节点介数计算依赖于全网最短路径的获取,这就要求节点必须拥有全局网络路由信息。但对于多数无线传感器网络而言,全局信息的获取十分困难。Yin[11]等根据节点可变负载与恒定容量等特点,建立级联失效模型,研究在节点随机失效情形下负载参数和拓扑参数对网络级联失效抗毁性能的影响,并通过解析方式推导出诱发网络大规模级联失效的承载极限值。同时,通过仿真分析得到度分布系数和幂律系数与级联失效抗毁性能正相关这一结论。李雅倩[12]等则在此研究基础上,借助概率母函数法,推导出单一随机节点失效条件下无线传感器网络无标度拓扑的级联失效规模,并求解出触发网络级联失效的临界负载值。研究结果表明:在无线传感器网络无标度拓扑中,当网络负载超过其临界值,一个随机节点失效极有可能导致整个网络陷入级联失效。

4.2 分簇网络级联失效分析

4.2.1 负载-容量模型

分簇无线传感器网络通常由簇头节点与簇内成员节点构成。簇内成员节点负责采集所覆盖区域内的环境信息,并将数据汇聚至所属簇头节点。簇头节点负责簇内信息的集中处理与发送。除此之外,还需承担来自其他簇头节点的数据转发任务。由于节点负载通常与节点自身度存在明显关联,定义网络中任意节点 j 的初始负载 L_j 为

$$L_j = Am_j^\alpha + (1-A)c_j^\alpha \tag{4-1}$$

式中:m_j 为节点 j 所拥有的簇内成员节点数量;c_j 为与节点 j 直接相连的簇头节点数量;$A(A \in [0,1])$ 和 $\alpha(\alpha > 0)$ 均为可调节系数,它们控制着节点初始负载的大小。式(4-1)中的 Am_j^α 表示节点 j 所承担的感知负载。不难理解,若节点 j 所拥有的簇内成员节点数量 m_j 越多,则所承担的感知负载越重。式(4-1)中的

$(1-A)c_j^a$ 为节点 j 所承担的中继负载。若节点 j 所连接的邻居簇头节点数量越多,意味着它在簇间拓扑中所需承担的数据转发任务越频繁,则对应中继负载越重。A 用于调节节点所承担感知负载与中继负载的权重。不难发现,随着 A 值的增大,感知负载对节点负载的影响也将随之升高。反之,随着 A 值的减小,中继负载对节点负载的影响力逐渐上升。α 用于调整节点所拥有连接数与负载之间的对应关系。显然,当 $\alpha=1$ 时,节点负载与 m_j 和 c_j 呈线性关系。当节点 j 为簇内成员节点时,因其隶属于单一簇头节点,且仅承担自身感知负载,所以 $m_j=c_j=1$。根据式(4-1),此时节点 j 的初始负载 $L_j=1$。

在实际网络中,由于每个节点处理负载的能力通常受布设成本等因素制约,节点间的容量并不相同。在确定节点的负载容量时,通常遵循"按需定容"原则[6,8,9]。所以,一般认为节点的负载容量 C_j 与其初始负载 L_j 成正比,即

$$C_j=TL_j \tag{4-2}$$

式中:$T(T\geqslant1)$ 为负载容忍系数。T 值越大,节点处理额外负载的能力越强。

4.2.2 负载分配策略

在文献[11]和[12]中,当无线传感器网络中的任意节点 j 发生失效,它的自身负载将平均分配至与其相邻的其他节点。但正如4.2.1节所述,对于传感器节点而言,负载分为感知负载与中继负载。当节点失效行为发生,节点因无法感知周边环境,没有感知数据产出。它的感知负载也随之消失,因而无须转移至其他节点。但对于中继负载,当节点失效行为发生,原本通过它转发的数据流量需要重新路由,从而产生新一轮的负载分配。但该过程的负载重新分配仅限于中继负载。因此,以往文献中有关失效节点的全部负载均进行重新分配的设定与真实情形并不相符。除此之外,当节点确定有负载需要重新分配,在与之直接相连的节点中,度数越高的节点有更高的概率承担更多的负载。以往文献中有关负载的平均分配策略具有明显的局限性。

针对上述不足,本节针对分簇无线传感器网络给出如下负载分配策略。

(1)初始状态,网络中任意节点负载均小于其容量,网络处于正常运行状态。当有节点发生失效时,其中继负载将重新分配到与其相邻的节点,引起网络中的负载重新分配。该过程又可能导致新的节点失效行为发生,从而引发新一轮的负载重分配。该级联失效过程持续到没有新的失效节点出现时才完全停止。

(2)当簇内成员节点发生失效,因自身感知任务无法继续进行,导致无法向所属簇头节点发送数据,并且节点自身不承担数据转发任务,无中继负载需要重新分配。因此,并不会引发负载重分配过程,级联失效行为不会发生。

（3）当簇头节点发生失效，因自身无法进行中继传输，原有途经失效簇头节点的中继数据根据局域择优分配原则分配至周边与之直接相连的其他簇头节点。

（4）假定网络中的簇头节点 i 失效，则与之直接相连的簇头节点 j 获得的负载 Δ_{ji} 为

$$\Delta_{ji} = L_i^R c_j^\alpha \Big/ \sum_{k \in \Omega_i} c_k^\alpha \qquad (4\text{-}3)$$

式中：Ω_i 为簇头节点 i 所拥有邻居簇头节点的集合；$L_i^R = (1-A)c_i^\alpha$ 为簇头节点 i 可参与负载重分配过程的中继负载。假设负载分配完成时刻为 t，则此时簇头节点 j 所承担的负载为 $L_j(t) = L_j(t-1) + \Delta_{ji}$。若 $L_j(t) > C_j$，则节点 j 在 $t+1$ 时刻陷入失效状态，并引发新一轮的负载分配。不难理解，依照本节所提分配策略，若邻居簇头节点拥有的簇-簇连接数越多，则所获得的负载分配比例越高。正如前文所述，在分簇无线传感器网络中，一个簇头节点所拥有的邻居簇头节点数量表明了该节点在网络数据转发任务中的重要性程度。因此，本章所给出负载分配策略合理有效。

结合图 4-1，对分簇无线传感器网络级联失效过程做实例分析。当 t 时刻簇头节点 i 失效行为发生，原有经过簇头节点 i 的中继负载 $(1-A)c_i^\alpha$ 按比例分配至邻居簇头节点 a、b、c 进行重新路由，则在 $t+1$ 时刻簇头节点 a、b、c 所承担的实时负载分别更新为

$$\begin{cases} L_a(t+1) = Am_a^\alpha + (1-A)c_a^\alpha + \Delta_{ai} = Am_a^\alpha + (1-A)c_a^\alpha + \dfrac{c_a^\alpha(1-A)c_i^\alpha}{c_a^\alpha + c_b^\alpha + c_c^\alpha} \\[3mm] L_b(t+1) = Am_b^\alpha + (1-A)c_b^\alpha + \Delta_{bi} = Am_b^\alpha + (1-A)c_b^\alpha + \dfrac{c_b^\alpha(1-A)c_i^\alpha}{c_a^\alpha + c_b^\alpha + c_c^\alpha} \\[3mm] L_c(t+1) = Am_c^\alpha + (1-A)c_c^\alpha + \Delta_{ci} = Am_c^\alpha + (1-A)c_c^\alpha + \dfrac{c_c^\alpha(1-A)c_i^\alpha}{c_a^\alpha + c_b^\alpha + c_c^\alpha} \end{cases} \qquad (4\text{-}4)$$

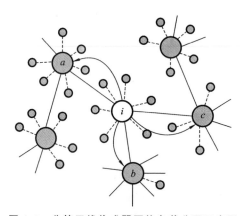

图 4-1　分簇无线传感器网络负载分配示意图

当中继负载重分配过程完成后,若簇头节点 a,b,c 中有节点因新增负载使得自身实时负载超过额定容量,即存在 $L_j(t+1)>C_j,j=\{a,b,c\}$,则产生新的簇头节点失效,新增失效簇头节点将自身中继负载按策略重分配至仍可正常工作的邻居簇头节点。该过程一直重复至网络中剩余簇头节点实时负载均未超过其自身容量为止。

4.2.3 级联失效抗毁性测度

根据负载分配策略,簇内成员节点失效并不会触发级联失效过程。因此,本章重点研究对象为移除簇头节点所引发级联失效对网络的破坏性程度。为了量化网络被破坏的程度,首先给出关于级联失效规模的归一化指标:从网络中移除一个簇头节点 j,并计算因其所产生的失效规模 S_j(级联失效过程完全停止后,失效节点的累计和),依此方法对网络中每个簇头节点的失效规模进行计算,再取所有簇头节点失效规模之和作归一化处理,即可得到网络级联失效规模 S,具体表达式如下:

$$S = \frac{\sum_{k \in C} S_k}{|C|(N-1)} \tag{4-5}$$

式中:C 为网络中所有簇头节点所构成的集合;$|C|$ 为簇头节点数量;N 为节点总数。显然,当 $S=0$ 时,网络可用节点数量在级联失效发生前后几乎不发生改变,说明网络具有很强的级联失效抗毁性能。反之,当 $S=1$ 时,说明网络中任意一个簇头节点的失效都将导致网络因级联失效而陷入瘫痪。正如文献[6]所述,对于级联失效问题,比起关注级联失效对网络的破坏性程度,人们更关心网络应对级联失效所能承载的极限。由分簇无线传感器网络的负载-容量模型与负载分配策略可知,容忍系数 T 越大,网络承载级联失效的能力越强。因此,必然存在一个临界值 T_c,当 $T \geqslant T_c$ 时,移除任意簇头节点都不会导致级联失效的发生且网络构造成本最低。不难理解,T_c 是网络为避免级联失效发生所应具备容忍能力 T 的最小值。显然,T_c 值越小,网络应对级联失效的抗毁性能越强。举例说明,现有网络 A 和 B 的级联失效临界值 T_c 分别为 1.2 与 1.4。对于网络 A,当 $T>1.2$ 时,移除任意节点均不会导致网络级联失效行为的发生。同理,对于网络 B,仅当 $T>1.4$ 时,网络才能对任意移除节点所导致的级联失效免疫。因此,当 $T=1.3$ 时,网络 A 不可能发生级联失效,而网络 B 仍有较大可能陷入级联失效。不难得到,网络 A 级联失效的抗毁性能优于网络 B。因此容易得出结论:T_c 值越小,网络应对级联失效的抗毁性能越强。

4.2.4 能量无关的分簇演化模型

网络拓扑结构对网络动力学行为有着至关重要的影响,考虑到级联失效行为对节点能量变化并不敏感,因此在对第 3 章所提分簇演化模型进行简化的基础上,本节通过构建两种能量无关的无线传感器网络分簇演化模型,研究不同网络拓扑应对级联失效的抗毁性能差异。

4.2.4.1 分簇无标度演化模型

(1) 初始化 开始给定 m_0 个簇头节点与 e_0 条边。为保证网络中不出现孤立节点,各个簇头节点至少存在一条边与其他簇头节点相连。

(2) 择优增长连接 在每个单位时间步内增加一个新节点,该节点成为簇头节点的概率为 p。若新加入节点为簇头节点,则在其局域世界 Ω 内选取 $m(m \leqslant M)$ 个已存在簇头节点建立连接。若新加入节点为簇内成员节点,则在其局域世界 Ω 内选取一个已存在簇头节点建立连接。局域世界 Ω 由从新加入节点单跳范围内已存在的簇头节点中随机选取的 M 个节点构成。在时刻 t,新加入节点与已存在簇头节点 i 建立链路时,依照择优概率 $\prod(i,t)$ 进行选择,择优概率 $\prod(i,t)$ 与被选择簇头节点 i 的度数 $k_i(t)$ 成正比。$\prod(i,t)$ 表达形式如下:

$$\prod(i,t) = k_i(t) / \sum_{j \in \Omega} k_j(t) \tag{4-6}$$

4.2.4.2 分簇随机演化模型

(1) 初始化 开始给定 m_0 个簇头节点与 e_0 条边。为保证网络中不出现孤立节点,各个簇头节点至少存在一条边与其他簇头节点相连。

(2) 择优增长连接 在每个单位时间步内增加一个新节点,该节点成为簇头节点的概率为 p。若新加入节点为簇头节点,则在其局域世界 Ω 内随机选取 $m(m \leqslant M)$ 个已存在簇头节点建立连接。若新加入节点为簇内成员节点,则在其局域世界 Ω 内随机选取一个已存在簇头节点建立连接。局域世界 Ω 是由从新加入节点单跳范围内已存在簇头节点中随机选取的 M 个节点构成的。新加入节点与已存在簇头节点 i 建立链路时,依照随机概率 $\prod(i,t)$ 进行选择。$\prod(i,t)$ 表达形式如下:

$$\prod(i,t) = 1/M \tag{4-7}$$

按照上述规则经过一定时间演化,两个模型均可得:在时刻 t 时,网络拥有节点总数 $S(t) = m_0 + t$,簇头节点数量 $N(t) = m_0 + pt$。显然,当 $t \rightarrow \infty$ 时,$S(t)$

$\approx t, N(t) \approx pt$。

图 4-2 所示为依照参数设定：簇头比例 $p=0.3$，新增连接数 $m=1$，局域世界规模 $M=3$，所生成节点规模 $N=100$ 时的网络拓扑情形。如图 4-2(a)所示，在所得分簇无标度拓扑中，绝大多数簇头节点度数为 1，少数簇头节点占用了网络中绝大多数连接，簇头节点最高度数可达 15，表现出明显的度分布异质性。如图 4-2(b)所示，网络中绝大多数簇头节点度数均为 3～6，分簇随机拓扑度分布较分簇无标度拓扑匀质性明显增强。

图 4-3 所示为将节点规模扩大至 500 后，在双对数坐标系下，所提分簇无

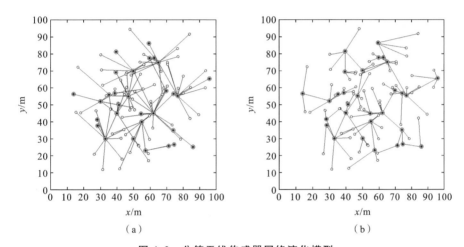

(a)　　　　　　　　　　　　　(b)

图 4-2　分簇无线传感器网络演化模型

(a) 分簇无标度模型；(b) 分簇随机模型

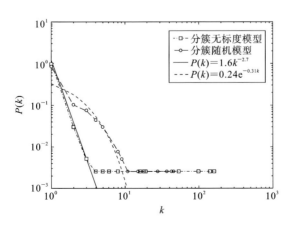

图 4-3　两种分簇无线传感器网络演化模型的度分布

标度拓扑与分簇随机拓扑的度分布情形。无标度拓扑网络的度分布具备典型的幂律分布特征,对度分布曲线进行拟合,可得无标度拓扑网络的度分布服从幂律分布 $P(k)=1.6k^{-2.7}$。分簇随机拓扑网络服从典型的指数分布,对度分布曲线进行拟合,可得随机拓扑网络的度分布服从指数分布 $P(k)=0.24\mathrm{e}^{-0.31k}$。为准确验证两种所提网络演化模型的度分布特征,随后将对其度分布做进一步理论推导与分析。

4.2.5 理论分析

4.2.5.1 模型度分布

1. 分簇无线传感器网络无标度拓扑

由于在 $m=M$ 情形下,择优连接机制失效。为确保所生成网络拓扑具备典型的无标度特征,以下仅讨论 $m<M$ 的情形。

由演化机制易得,$k_i(t)$ 满足如下动力学方程:

$$\frac{\mathrm{d}k_i(t)}{\mathrm{d}t} = pm\frac{M}{N(t)}\frac{k_i(t)}{\sum\limits_{j\in\Omega}k_j(t)} + (1-p)\frac{M}{N(t)}\frac{k_i(t)}{\sum\limits_{j\in\Omega}k_j(t)} \qquad (4\text{-}8)$$

考虑网络长时间的演化情形,可得

$$\sum_{j\in\Omega}k_j(t) = M\langle k\rangle \qquad (4\text{-}9)$$

式中:$\langle k\rangle$ 为网络中簇头节点平均度。设 $E(t)$ 为时刻 t 网络中的簇头节点总度数,易得

$$\langle k\rangle = \frac{E(t)}{N(t)} = \frac{2[m_0+pmt+(1-p)t]-(1-p)t}{m_0+pt} \approx \frac{1-p+2pm}{p} \qquad (4\text{-}10)$$

将式(4-9)与式(4-10)代入式(4-8),则式(4-8)可化简为

$$\frac{\mathrm{d}k_i(t)}{\mathrm{d}t} = \frac{pm+1-p}{(1-p+2pm)t}k_i(t) \qquad (4\text{-}11)$$

为方便计算,令 $Q=\dfrac{1-p+2pm}{pm+1-p}$。对式(4-11)做等价变换,可得

$$\frac{\mathrm{d}k_i(t)}{k_i(t)} = \frac{\mathrm{d}t}{Qt} \qquad (4\text{-}12)$$

式(4-12)为 $k_i(t)$ 随 t 变化的微分方程,由网络生成规则可知,簇头节点 i 初加入网络时度数为 m,可得初始条件 $k_i(t_i)=m$,对式(4-12)进行求解,可得

$$k_i(t) = m\left(\frac{t}{t_i}\right)^{\frac{1}{Q}} \qquad (4\text{-}13)$$

则簇头节点 i 在时刻 t 满足 $k_i(t)<k$ 的概率为

$$P[k_i(t)<k]=P\left[t_i>t\left(\frac{k}{m}\right)^{-Q}\right]=1-P\left[t_i\leqslant t\left(\frac{k}{m}\right)^{-Q}\right] \quad (4\text{-}14)$$

本章仅考虑以最常见的等时间间隔方式添加节点,因此 t_i 具有等概率密度 $P(t_i)=1/(m_0+t)$,则式(4-14)可进一步化为

$$P[k_i(t)<k]=1-\frac{t}{m_0+t}\left(\frac{k}{m}\right)^{-Q}\approx 1-\left(\frac{k}{m}\right)^{-Q} \quad (4\text{-}15)$$

对式(4-15)求导,可得网络度分布 $P(k)$ 为

$$P(k)=\frac{\partial P[k_i(t)<k]}{\partial k}=\frac{Qk^{-(1+Q)}}{m^{-Q}} \quad (4\text{-}16)$$

由幂律分布一般形式 $P(k)\sim k^{-\gamma}$ 可以看出,网络度分布 $P(k)$ 符合典型幂律分布特征,且幂律指数 $\gamma=Q+1$。$P(k)$ 与簇头比例 p 有密切关联,但与网络节点规模无关,因此具有明显的无标度特征。不难发现,当 $p=1$ 时,网络中所有节点均为簇头节点,网络为对等平面结构,所提演化模型等价于 B-A 无标度演化模型。由式(4-16)易得此时模型度分布 $P(k)=2m^2k^{-3}$,与 B-A 无标度网络度分布 $P(k)=2m^2k^{-3}$ 完全一致,$P(k)$ 的正确性得到进一步验证。

2. 分簇无线传感器网络随机拓扑

由演化机制可得,对于分簇随机拓扑,当前时刻 t 网络中已存在簇头节点获得新加入连接概率完全一致,则对于簇头节点 i,$k_i(t)$ 满足如下动力学方程:

$$\frac{dk_i(t)}{dt}=pm\frac{M}{N(t)}\frac{1}{M}+(1-p)\frac{M}{N(t)}\frac{1}{M}=\frac{pm+1-p}{N(t)} \quad (4\text{-}17)$$

与分簇无标度拓扑网络度分布证明过程类似,因篇幅限制,直接给出 $P(k)$ 公式,即

$$P(k)=\frac{p}{pm+1-p}e^{J} \quad (4\text{-}18)$$

式中:$J=-\frac{(k-m)p}{pm+1-p}$。$P(k)$ 为典型指数分布,与 E-R 随机网络度分布结论一致。

4.2.5.2　级联失效模型关键参数分析

根据负载分配策略,若簇内成员节点失效,将不会引发级联失效过程。因此,本节仅讨论簇头节点失效对网络的影响。依照所提局域择优分配策略与节点负载-容量模型,为避免级联失效发生,对于簇头节点 j,应满足

$$L_j+\Delta_{ji}<C_j \quad (4\text{-}19)$$

根据 L_j 与 Δ_{ji} 定义,不等式(4-19)可化为

$$Am_j^a + (1-A)c_j^a + (1-A)c_i^a \frac{c_j^a}{\sum\limits_{n\in\Omega_i} c_n^a} < T[Am_j^a + (1-A)c_j^a] \quad (4\text{-}20)$$

又因簇头节点在网络中所占的比例为 p，仅考虑网络规模足够大的情形，不难得到 $c_j = pk_j$ 与 $m_j = (1-p)k_j$，代入式(4-20)，化简可得

$$1 + \frac{(1-A)k_i^a p^a}{[A(1-p)^a + (1-A)p^a]\sum\limits_{n\in\Omega_i} k_n^a} < T \quad (4\text{-}21)$$

根据网络度及概率论知识，可得

$$\sum_{n\in\Omega_i} k_n^a = \sum_{k'=k_{\min}}^{k_{\max}} k_i P(k' \mid k_i)(k')^a \quad (4\text{-}22)$$

式中：$P(k'|k_i)$ 表示度为 k_i 的簇头节点邻域中存在节点度为 k' 的条件概率；$k_{\max}$ 和 $k_{\min}$ 分别为网络簇头节点度数的最大值与最小值。由度分布理论解析可知，所提分簇无标度演化模型和分簇随机演化模型的拓扑性质分别与 B-A 网络和 E-R 网络近似，而 B-A 网络与 E-R 网络均具有典型的度-度无关特性。因此，$P(k'|k_i) = k'P(k')/\langle k\rangle$，进而可得 $\sum\limits_{n\in\Omega_i} k_n^a$ 的另一种表达形式：

$$\sum_{n\in\Omega_i} k_n^a = k_i \sum_{k'=k_{\min}}^{k_{\max}} \frac{k'P(k')(k')^a}{\langle k\rangle} = \frac{k_i\langle k^{a+1}\rangle}{\langle k\rangle} \quad (4\text{-}23)$$

将式(4-23)代入式(4-21)，可得

$$1 + \frac{k_i^{a-1}\langle k\rangle}{\left[\left(\frac{1}{1-A}-1\right)\left(\frac{1}{p}-1\right)^a + 1\right]\langle k^{a+1}\rangle} < T \quad (4\text{-}24)$$

关键阈值 T_c 为满足式(4-24)条件下 T 值的最小值，分别考虑 $\alpha<1$、$\alpha=1$ 与 $\alpha>1$ 三种情形，则可得

$$T_c = \begin{cases} 1 + \dfrac{k_{\min}^{a-1}\langle k\rangle}{\left[\left(\frac{1}{1-A}-1\right)\left(\frac{1}{p}-1\right)^a + 1\right]\langle k^{a+1}\rangle}, & \alpha<1 \\[4mm] 1 + \dfrac{\langle k\rangle}{\left[\left(\frac{1}{1-A}-1\right)\left(\frac{1}{p}-1\right)^a + 1\right]\langle k^2\rangle}, & \alpha=1 \\[4mm] 1 + \dfrac{k_{\max}^{a-1}\langle k\rangle}{\left[\left(\frac{1}{1-A}-1\right)\left(\frac{1}{p}-1\right)^a + 1\right]\langle k^{a+1}\rangle}, & \alpha>1 \end{cases} \quad (4\text{-}25)$$

通过对式(4-25)解析，不难发现 T_c 随着 A 的增大而减小，随着 p 的增大而增大。结合 T_c 值越小，网络应对级联失效的抗毁性能越强这一结论，可得 A 与

网络级联失效抗毁性能呈正相关,p 与网络级联失效抗毁性能呈负相关。下一步我们将探讨当 α 取何值时 T_c 最小,即网络应对级联失效的抗毁性最优。首先分析 $\alpha<1$ 的情形:

$$
\begin{aligned}
T_c &= 1 + \frac{k_{\min}^{\alpha-1}\langle k\rangle}{\left[\left(\frac{1}{1-A}-1\right)\left(\frac{1}{p}-1\right)^\alpha+1\right]\langle k^{\alpha+1}\rangle}\\
&= 1 + \frac{k_{\min}^{\alpha-1}\langle k\rangle}{\left[\left(\frac{1}{1-A}-1\right)\left(\frac{1}{p}-1\right)^\alpha+1\right]\frac{1}{N}\sum_{i=1}^{N}k_i^{\alpha+1}}\\
&= 1 + \frac{\langle k\rangle}{\left[\left(\frac{1}{1-A}-1\right)\left(\frac{1}{p}-1\right)^\alpha+1\right]\frac{1}{N}\sum_{i=1}^{N}k_i^2\left(\frac{k_i}{k_{\min}}\right)^{\alpha-1}}\\
&> 1 + \frac{\langle k\rangle}{\left[\left(\frac{1}{1-A}-1\right)\left(\frac{1}{p}-1\right)^\alpha+1\right]\langle k^2\rangle}
\end{aligned}
\tag{4-26}
$$

可得 $T_c(\alpha<1)>T_c(\alpha=1)$。同理,可求得 $T_c(\alpha>1)>T_c(\alpha=1)$。因此,不难得到,当 $\alpha=1$ 时,T_c 最小,网络级联失效抗毁性能最优。

4.2.6　仿真结果与分析

本节主要探讨级联失效模型和拓扑构造所涉及关键参数(调节参数 α、分配系数 A、容忍系数 T、簇头比例 p、新增连接数 m、局域世界规模 M)对网络级联失效抗毁性能的影响。在仿真过程中,设定网络规模为 500。仿真数值均为 20 次生成全新网络拓扑后所获得的平均结果。根据网络演化机制,最终所得两种网络拓扑节点总数、簇头节点数、边数及节点平均度在概率条件下将会完全一致。

由图 4-4 不难发现,参数 α 的取值对网络级联失效抗毁性能有着重要影响。当 $\alpha=1$ 时,网络抗毁性能最优,与 4.2.5.2 小节中的理论分析结果一致。此时,分簇无标度网络关键阈值 $T_c=1.08$,即当 $T>T_c=1.08$ 时,网络对级联失效完全免疫。对于分簇随机网络,抗毁性能稍弱,关键阈值 $T_c=1.15$。在分簇随机网络中,有关级联失效规模 S 的性能曲线表现出明显的阶跃特征。这是由于随机网络中度数较大节点与度数较小节点之间的负载差异并不明显,从而降低了整个网络系统对 T 值变化的响应度。仅当 T 达到某个局部阶跃值时,网络才会在局部范围出现节点崩塌现象。根据图 4-4 所表现出的特征,当节点负载与自身度呈线性关系时,网络抗毁性能最优,这为网络抵御级联失效提供了有益参考。后续仿真实验均选取 $\alpha=1$ 进行对比分析。

如图 4-5 所示,分配系数 A 取值的上升能够有效改善网络级联失效的抗毁

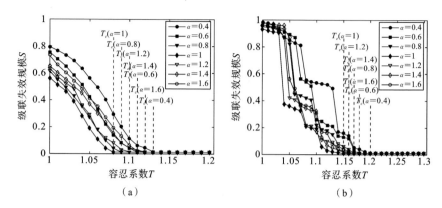

图 4-4　两种网络模型中 α,T 与 S 的关系（$p=0.3$，$A=0.5$，$m=3$，$M=5$）
（a）无标度模型；（b）随机模型

性能，与 4.2.5.2 小节中的理论分析结果一致。举例说明，对于分簇无标度网络，当 $A=0.3$ 时，关键阈值 $T_c=1.14$。当 A 上升至 0.7，关键阈值 T_c 下降至 1.05。根据负载分配策略，对于簇头节点，当节点失效后，仅自身所承担的中继负载参与负载重分配过程。因此 A 值的上升，意味着网络中可供分配的中继负载数据量份额下降，但此时的网络容量并没有因 A 值的变化而发生明显下降，从而使网络抵御级联失效的能力得到增强。这就告诉网络建设者在构造网络过程中，为提升网络级联失效抗毁性能，应尽可能减少因多跳转发所带来的数据增量。

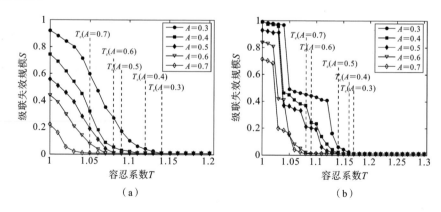

图 4-5　两种网络模型中 A,T 与 S 的关系（$p=0.3$，$\alpha=1$，$m=3$，$M=5$）
（a）无标度模型；（b）随机模型

如图 4-6 所示，簇头比例 p 取值的上升将导致网络级联失效抗毁性能的下降，与 4.2.5.2 小节中的理论分析结果一致。p 值上升将增加单个簇头节点所

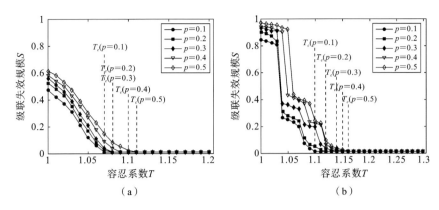

图 4-6 两种网络模型中 p，T 与 S 的关系 $(A=0.5，\alpha=1，m=3，M=5)$

（a）无标度模型；（b）随机模型

可能拥有的邻居簇头节点数量。根据负载-容量模型，簇头节点中继负载大小
与邻居簇头节点数量正相关，使得网络中可供重分配的中继负载数据量随着 p
值的上升而增加，进而导致网络中簇头节点面临更大的容量过载风险。因此，
为优化网络级联失效抗毁性能，应合理控制网络中簇头节点规模，减少数据从
采集端到 Sink 节点的中继转发环节。

如图 4-7 所示，新增连接数 m 与网络级联失效抗毁性能负相关。与簇头比
例 p 对网络拓扑的作用效果类似，伴随 m 值的增加，网络中的簇头节点所拥有
簇-簇连接的数量也将随之上升，使网络拥有更多可供分配的中继负载，从而加
剧了级联失效过程对网络的数据流量冲击。需要注意的是，对于分簇无标度网
络，随着 m 值逐渐接近局域世界规模 M，择优连接机制效果趋于减弱，使得有关

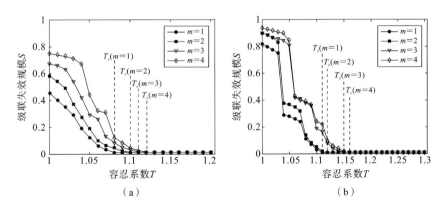

图 4-7 两种网络模型中 m，T 与 S 的关系 $(p=0.3，A=0.5，\alpha=1，M=5)$

（a）无标度模型；（b）随机模型

级联失效规模 S 的性能曲线逐渐呈现出一定的阶跃特征。

如图 4-8 所示,对于分簇无标度网络,局域世界规模 M 与网络级联失效抗毁性能正相关。局域世界规模 M 的扩大将使得网络度分布呈现出从指数分布过渡到幂律分布的渐进演化特征,促使网络中的多数连接向少数中心簇头节点集中。因此,伴随 M 值的上升,低度数簇头节点在网络中所占比例也将随之升高,而此类节点的失效并不会触发级联失效过程,进而降低了网络级联失效发生的风险。对于分簇随机网络,局域世界规模 M 的改变并不会改变网络拓扑属性,因此 M 值的变化与网络级联失效抗毁性能无关。

如图 4-9 所示,在同等参数设置条件下,无标度网络的关键阈值 T_c 均明显

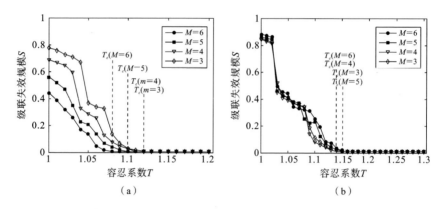

图 4-8 两种网络模型中 M,T 与 S 的关系($p=0.3$,$A=0.5$,$\alpha=1$,$m=3$)

(a) 无标度模型;(b) 随机模型

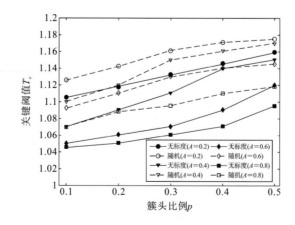

图 4-9 两种网络模型中 p,A 与 T_c 的关系($\alpha=1$,$m=3$,$M=5$)

小于随机网络,进而得到了无标度网络应对级联失效抗毁性能优于随机网络这一结论。由于无标度网络中绝大多数节点的度数较小,移除这一类节点并不会触发级联失效过程。

4.3 面向级联失效的节点容量优化策略

由 4.2.2 节所提负载分配策略可以发现,当网络中有簇头节点失效行为发生,则失效簇头节点所承担的中继负载将根据邻居簇头节点所拥有的簇-簇连接数按比例进行重新分配。若各邻居簇头节点容量能够满足失效簇头节点中继负载转移的需求,则网络级联失效终止。因此,设计合适策略选择网络中部分关键簇头节点进行扩容,可以达到有效抑制网络级联失效发生的目的。在该策略制定过程中,需要重点解决两个问题:① 如何选择合适的节点作为容量扩充对象;② 如何高效地完成新增容量分配。针对上述两个问题,本节给出具体扩容策略。

4.3.1 扩容节点选择策略研究

4.3.1.1 扩容节点选择策略

与无差别提升全网节点容量相比,引入针对性策略选择关键节点扩充容量,可在提升网络级联失效抗毁性能的同时,降低网络硬件投入成本。因此,本节初步探讨如何设计合理的容量扩充策略抑制网络级联失效发生。三种面向簇头节点的容量扩充选择策略如下所示:

(1) 度大扩容策略(higher-degree selection scheme,HSS):依照直接连接的邻居簇头节点数量从高到低,从全网簇头节点中选取比例为 G 的簇头节点进行容量扩充,扩容完成后的各簇头节点容量较初始容量提升 10%。

(2) 度小扩容策略(lower-degree selection scheme,LSS):依照直接连接的邻居簇头节点数量从低到高,从全网簇头节点中选取比例为 G 的簇头节点进行容量扩充,扩容完成后的各簇头节点容量较初始容量提升 10%。

(3) 随机扩容策略(random selection scheme,RSS):从全网簇头节点中随机选取比例为 G 的簇头节点进行容量扩充,使其扩充完成后的容量较其初始容量提升 10%。

为更好对比三种扩容策略对网络级联失效抗毁性能的提升效果,分别考虑 $\alpha<1,\alpha=1,\alpha>1$ 三种情形。结合已有理论与仿真分析结论,不难得到分配系数

A、容忍系数 T、簇头比例 p、新增连接数 m、局域世界规模 M 与网络级联失效抗毁性能均呈明显的单调相关。而调节参数 α 与网络抗毁性能具有典型的单峰函数关联特征,仅当 $\alpha=1$ 时,网络抗毁性能最优。因其特殊性,将调节参数 α 分为三个区间,重点分析不同 α 区间下所提的三种扩容策略效用。

4.3.1.2　扩容节点选择策略的性能验证

在仿真验证环节,设定网络规模为 500,簇头比例 $p=0.3$,新增连接数 $m=3$,局域世界规模 $M=5$,分配系数 $A=0.5$,分别应用三种扩容选择策略对所生成网络拓扑内的簇头节点容量进行升级,并验证所提策略对网络级联失效抗毁性能的提升效果。

如图 4-10 所示,针对 $\alpha<1,\alpha=1,\alpha>1$ 三种情形,三种扩容策略对网络级联失效抗毁性能的提升效果各不相同。针对 $\alpha<1$ 的情形,设置 $\alpha=0.6$,无论对于无标度网络或是随机网络,度小扩容策略对网络级联失效抗毁性能的提升效果均为最优。针对 $\alpha=1$ 的情形,三种扩容策略效果相近。针对 $\alpha>1$ 的情形,设置 $\alpha=1.4$,相比其他两种扩容策略,度大扩容策略能够更为有效地抑制网络级联失效行为的发生。通过归纳不难得到:针对 $\alpha<1$ 的情形,网络中度数较小的簇头节点失效更容易触发级联失效过程,因而度小扩容策略效果更为明显。相反,对于 $\alpha>1$ 的情形,网络中度数较大的簇头节点可被视为影响网络级联失效抗毁性能的主要短板,因而度大扩容策略效果更优。而针对 $\alpha=1$ 的情形,网络级联失效抗毁性能的高低对于选取哪一类簇头节点进行扩容并不敏感。为进一步验证所得结论的正确性,进一步观察式(4-25),容易得到,当 $\alpha<1$ 时,$k_{\min}$ 是影响 T_c 值的主要因素,因而,扩充拥有簇-簇连接较少的簇头节点容量能够更为有效地提升网络级联失效抗毁性能。同理,当 $\alpha>1$ 时,T_c 取值主要受 $k_{\max}$ 影响,扩充拥有簇-簇连接较多的簇头节点容量效果更优。当 $\alpha=1$ 时,T_c 取值仅与 $\langle k\rangle$ 和 $\langle k^2\rangle$ 有关,与 $k_{\min}$ 和 $k_{\max}$ 无关,因而对于执行哪种簇头扩容策略并不敏感。

4.3.2　新增容量分配策略研究

4.3.2.1　新增容量分配策略

在 4.3.1 小节中,针对 $\alpha<1,\alpha=1,\alpha>1$ 三种情形,已验证所提三种扩容选择策略对网络级联失效抗毁性能的提升效果各不相同。但在扩容选择策略中,默认为扩容节点新增容量均为初始容量的 10%。从资源优化角度出发,这种无差别的容量分配策略必然会导致一些关键节点因新增容量分配不足使得级联

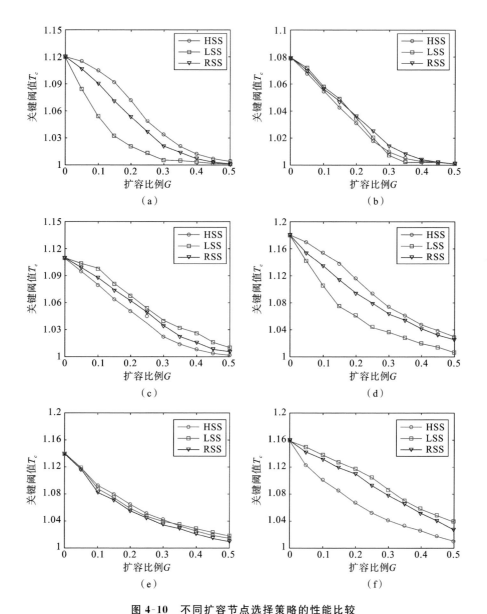

图 4-10 不同扩容节点选择策略的性能比较

（a）$\alpha=0.6$ 无标度网络；（b）$\alpha=1$ 无标度网络；（c）$\alpha=1.4$ 无标度网络；

（d）$\alpha=0.6$ 随机网络；（e）$\alpha=1$ 随机网络；（f）$\alpha=1.4$ 随机网络

失效发生风险居高不下,而另外一些节点因被赋予过剩新增容量而造成资源浪费的现象。因此,在分配新增容量时,应设计合理的分配策略,实现容量资源的高效利用。首先给出待分配容量定义：

$$U = \lambda \sum_{k \in C} L_k \qquad (4\text{-}27)$$

式中：$\lambda(0 < \lambda < 1)$ 是分配系数；$\sum_{k \in C} L_k$ 是网络初始容量。显然，λ 越大，意味着网络待分配的容量越充足。依据 4.3.1 小节中所述的扩容节点选择策略，针对不同 α 的设置情形，不难得到由扩容节点所组成的扩容对象集合 V。在此基础上，给出三种面向簇头节点的容量分配策略。

（1）度大分配策略（higher-degree distribution scheme，HDS）：扩容节点所获新增容量大小与所拥有簇-簇连接数正相关。对于簇头节点 i，扩容后的容量 L_i' 为

$$L_i' = \begin{cases} L_i + \dfrac{C_i}{\sum\limits_{k \in V} C_k} U, & i \in V \\[4mm] L_i, & i \notin V \end{cases} \qquad (4\text{-}28)$$

（2）度小分配策略（lower-degree distribution scheme，LDS）：扩容节点所获新增容量大小与所拥有的簇-簇连接数负相关。对于簇头节点 i，扩容后的容量 L_i' 为

$$L_i' = \begin{cases} L_i + \dfrac{1/C_i}{\sum\limits_{k \in V} 1/C_k} U, & i \in V \\[4mm] L_i, & i \notin V \end{cases} \qquad (4\text{-}29)$$

（3）平均分配策略（average-degree distribution scheme，ADS）：网络新增容量被平均分配至扩容节点。对于簇头节点 i，扩容后的容量 L_i' 为

$$L_i' = \begin{cases} L_i + \dfrac{U}{|V|}, & i \in V \\[4mm] L_i, & i \notin V \end{cases} \qquad (4\text{-}30)$$

式中：$|V|$ 为扩容节点数量。

4.3.2.2 容量分配策略的性能验证

为验证三种容量分配策略对网络级联失效抗毁性能的提升效果，仍分别考虑 $\alpha < 1, \alpha = 1, \alpha > 1$ 三种情形。仿真参数设置与 4.3.1.2 小节的一致。需要说明的是，在不同 α 的设置情形中，扩容节点的选择严格依照 4.3.1 小节所获结论，即针对 $\alpha < 1, \alpha = 1$ 与 $\alpha > 1$ 三种情形，分别依照度小选择策略，随机选择策略与度大选择策略挑选扩容对象。

如图 4-11 所示，伴随网络可分配新增容量 U 的增大，网络应对级联失效的

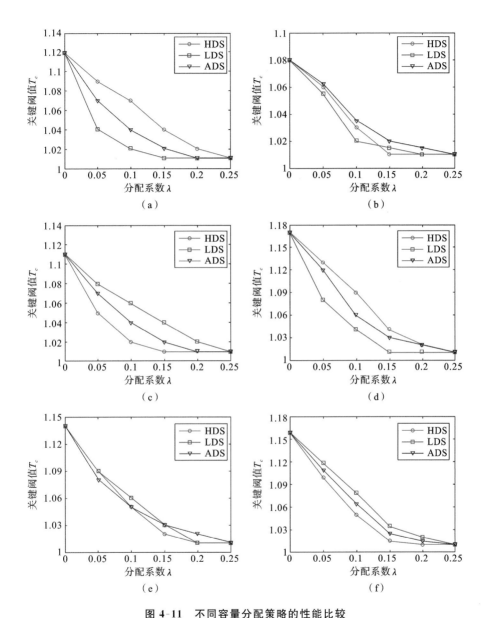

图 4-11　不同容量分配策略的性能比较

（a）$\alpha=0.6$ 无标度网络；（b）$\alpha=1$ 无标度网络；（c）$\alpha=1.4$ 无标度网络；

（d）$\alpha=0.6$ 随机网络；（e）$\alpha=1$ 随机网络；（f）$\alpha=1.4$ 随机网络

抗毁性能也随之得到提升。但值得注意的是，当 U 到达特定数值，对抗毁性能的提升效果达到饱和，这就要求网络建设者合理控制新增容量大小，避免网络升级成本投入过度。针对 $\alpha>1$ 的情形，度大分配策略效果更优，这也进一步验证了，当 $\alpha>1$ 时度数较大的簇头节点是影响网络级联失效行为的关键节点。相反，对于 $\alpha<1$ 的情形，度小分配策略提升效果更为明显。因而，针对 $\alpha<1$ 的情形，应赋予度数较小的簇头节点更多的新增容量。当 $\alpha=1$ 时，三种分配策略差异并不明显，进一步验证了，当 $\alpha=1$ 时各簇头节点对网络级联失效行为影响效果类似这一结论。

4.4 本章小结

针对工业无线传感器网络因遭受数据流量冲击所导致的级联失效问题，设计了参数可调的分簇级联失效演化模型，并分别研究了分簇无标度网络与分簇随机网络应对级联失效的抗毁性能。通过理论推导与仿真分析相结合的方式得到结论：① 分配系数 A 与网络级联失效抗毁性能正相关；② 簇头比例 p 和新增连接数 m 与网络级联失效抗毁性能负相关；③ 局域世界规模 M 与分簇无标度网络级联失效的抗毁性能正相关，与分簇随机网络的抗毁性能无关；④ 当调节参数 $\alpha=1$ 时，网络级联失效抗毁性能达到最优。在此基础上，基于网络扩容方式分别提出了扩容节点选择策略与新增容量分配策略，有效提升了网络应对级联失效的抗毁性能。

本章参考文献

[1] Motter A E. Cascade control and defense in complex networks[J]. Physical Review Letters, 2004, 93(9): 098701.

[2] Dobson I, Carreras B A, Newman D E. A loading-dependent model of probabilistic cascading failure[J]. Probability in the Engineering and Informational Sciences, 2005, 19(01): 15-32.

[3] Nedic D P, Dobson I, Kirschen D S, et al. Criticality in a cascading failure blackout model [J]. International Journal of Electrical Power & Energy Systems, 2006, 28(9): 627-633.

[4] Dobson I,Carreras B A,Lynch V E,et al. Complex systems analysis of series of blackouts: Cascading failure, critical points, and self-organization [J]. Chaos,2007,17(2):967-979.

[5] Watts D J. A simple model of global cascades on random networks[J].

Proceedings of the National Academy of Sciences，2002，99（9）：5766-5771.

［6］Wang J，Rong L. Cascade-based attack vulnerability on the US power grid [J]. Safety Science，2009，47(10)：1332-1336.

［7］李勇，吴俊，谭跃进. 容量均匀分布的物流保障网络级联失效抗毁性[J]. 系统工程学报，2010，25(6)：853-860.

［8］尹洪英，权小锋. 交通运输网络级联失效影响规律及影响范围[J]. 系统管理学报，2013，22(6)：869-875.

［9］Zio E，Sansavini G. Component criticality in failure cascade processes of network systems[J]. Risk Analysis，2011，31(8)：1196-1210.

［10］Liu Y，Peng W，Su J，et al. Assessing the impact of cascading failures on the inter-domain routing system of the internet ［J］. New Generation Computing，2014，32(3-4)：237-255.

［11］Yin R，Liu B，Liu H，et al. The critical load of scale-free fault-tolerant topology in wireless sensor networks for cascading failures ［J］. Physica A：Statistical Mechanics and Its Applications，2014，409(9)：8-16.

［12］李雅倩，尹荣荣，刘彬，等. 无线传感器网络无标度容错拓扑的级联失效研究[J]. 北京邮电大学学报，2014，37(2)：74-78.

第 5 章
抗毁性路由优化

第 3 章与第 4 章分别通过在网络初始化阶段对拓扑参数与节点容量参数进行优化配置的方式,提升网络的抗毁性能,属于典型的"预防措施",并不涉及网络在数据传递过程中所遭遇的抗毁性难题。工业无线传感器网络作为典型的以数据为中心的任务驱动网络,其核心任务是将数据快速有效地传递至 Sink 节点。因此消息路由成为决定网络服务质量的核心要素。但由于所处工业环境通常较为恶劣(高温、高湿、强振、强电磁干扰等),网络经常面临通信链路质量较差与数据丢包率较高等一系列问题。路由抗毁性已成为制约工业无线传感器网络路由性能的主要技术瓶颈,因此急需在网络数据传输阶段引入抗毁性路由算法,确保消息在网络内安全可靠传输。

基于上述分析,本章考虑工业场景中的复杂环境因素(如温度、湿度等)对无线传感器网络路由性能的影响,提出了一种基于势场的不相交多路径容错路由算法 PFMR(potential field multipath routing)。算法将工业无线传感器网络抽象为人工势场,且势场受环境场、能量场与深度场共同作用。通过构建权重可调的目标场,确保消息路由在满足低能耗与低延时等关键性能指标基础上,使所建立的不相交多路径动态规避危险环境区域,提升消息路由抗毁性能。

5.1 研究现状

工业无线传感器网络由大量成本低廉的传感器节点构成,因此在网络中存在着大量的冗余节点与链路,这使得利用冗余机制提高网络抗毁性成为可能。路由优化的核心就是利用网络链路冗余特征,通过在源节点与 Sink 节点之间构建多条链路的方式,避免节点通信过度依赖单一链路,从而确保在当前通信链路失效后,数据仍可传递至 Sink 节点。因此,基于链路冗余的路由抗毁性优化问题,其实质为多路径路由选择优化问题[1]。

5.1.1 多路径路由基本原理

多路径路由根据多路径间是否相交可以分为:① 不相交点多路径;② 不相交边多路径;③ 局部不相交多路径。其中,不相交点多路径指的是已确定路径集合内,彼此间不存在相交节点(见图 5-1(a))。显然,不相交点多路径由于路径间彼此独立,移除单一点或边至多仅能导致一条链路失效。与不相交点多路径类似,不相交边多路径在其已确定路径集合内,不存在重复边(见图 5-2(b))。在不考虑节点失效的情况下,对因通信失效所导致的边失效情形具有较强抗毁性。但在实际布置中,寻找理想数量的不相交点/边多路径存在现实困难,而局部不相交多路径则是通过在路由构建过程中尽可能避免相交点/边,建立通往 Sink 节点的多条路径。局部不相交多路径在具有较强场景适应性的同时,对点失效与边失效情形均表现出一定抗毁性(见图 5-1(c))。在其路径规划过程中,往往遵循 2 度分离原则,即至少存在两条及两条以上不相交点路径[2,3]。

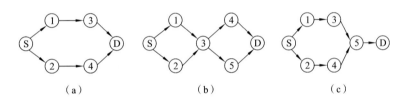

图 5-1 多路径路由分类

(a) 不相交点多路径;(b) 不相交边多路径;(c) 局部不相交多路径

在完成多路径搭建后,需要从众多可选路径中选择一条或多条路径用于数据传输,此时进入路由选择与数据传输阶段。路由选择既需满足网络负载均衡,还需要满足网络有关传递低延时等性能要求。现有路径选择方式包括如下两种。

(1) 最优原则 从备选多路径中,根据能耗、延时等性能指标选取最优路径用作数据传递。其余路径仅当最优路径发生异常而无法正常工作时,根据性能好坏依序启用。

(2) 并行原则 选择多条路径同时进行数据传输,从而保证网络在拥有多条传输路径的同时,拥有多个数据包在网络内流通。

选定传输路径后,为进一步改善网络路由性能,在数据传输阶段,需要引入相应数据分发策略。一方面,源节点需要通过发送一定比例的冗余数据保证数据传输的抗毁性要求。另一方面,需根据不同路径的负载能力,分配与之相适应的网络流量,确保各条路径的高效利用,达到均衡网络负载的目的。

由于在工业无线传感器网络中,节点资源受限,且所处环境存在明显不确定性,导致节点失效与链路中断等情形时常发生。因此,需要通过引入路由维护机制避免网络路由性能下降。通常将以下情形作为触发路由维护机制的标志:① 网络当前工作路径失效;② 任意可用路径失效;③ 一定数量可用路径失效。显然,与情形①和情形③相比,情形②会更加频繁地触发路由维护机制,进而增加网络路由开销,但数据传递的可靠性能够得到最大程度的保障。若仅将情形①作为触发标志,当网络正常传输中断,即使通过网络维护机制使数据传输恢复正常,仍会造成一定程度的数据传输延时与数据丢失。因此,需要选择合适的阈值条件,当且仅当失效路径数量达到特定阈值时,才会触发路由维护机制。该阈值的选取需要综合平衡考虑网络维护开销与网络传输可靠性等多项性能指标。

5.1.2 多路径路由典型算法

近年来,多路径容错路由算法研究成果众多,典型算法包括:DD[4]、HREEMR[5]、GNPR[6]、SMR[7]、MSR[8]与OMP[9]等。具体算法描述如下:

(1) DD协议是最早提出的一种具有一定容错能力的多路径路由协议。Sink节点首先通过广播方式将兴趣消息扩散至网络内整个或部分区域。在兴趣消息传递过程中,各传感器节点均建立起由源节点到达Sink节点的方向梯度,消息依照梯度大小选择下一跳节点进行传输。由于在路由建立过程中,采用泛洪协议进行广播,传感器节点可能会重复收到来自于多个邻域节点转发的兴趣消息,这将加剧网络能量消耗。除此之外,在协议中,源节点将沿多条路径向Sink节点发送多个消息副本,尽管该消息分发策略在一定程度上保证了数据传递的可靠性,但将增加过多不必要的路由开销。

(2) HREEMR算法是在DD算法基础上通过引入能量高效的路由维护机制,所构建的一种性能更优的多路径路由算法。在路由发现阶段,仍采用DD算法构建全局梯度,并以此为依据建立源节点到达目标节点的多路径。但在路由维护阶段,当主路径存在网络拥塞或者发生链路失效时,通过启用备用路径进行数据传输,达到数据可靠传输的目的。

(3) GNPR算法采用按需路由策略寻找从源节点到达Sink节点的近似最短路径,并以此为依据构建不相交多路径。路由选择策略包括:方向优先策略与距离优先策略。方向优先策略为选择与Sink节点方位角相差最小的邻域节点作为下一跳节点。距离优先策略为选择与 Sink 节点物理距离最近的节点作为下一跳节点。GNPR 算法的优势在于数据传递具有明显的低延时特征,但局限在于传感器节点在多数情形下,硬件条件不具备角度测距能力,对算法的适用性构成挑战。

(4) SMR 算法通过源节点主动发送路由请求,经过有限可控的泛洪机制进行路由探测,而最终到达 Sink 节点的数据包中包含了全局网络路由信息。Sink 节点以此为依据选择多条不相交路由信息封装为数据包回复至源节点。源节点根据所接收路由数据包,最终确定发送数据所需经过的多路径。SMR 协议所构建的多路径路由具有链路不相交特征,但该协议在路由初始建立阶段需要大量的网络资源用于路由发现。而且由于网络仍依赖于 Sink 节点进行路由规划,使得网络在应对诸如节点失效或链路中断等突发事件时,响应速度不足。

(5) MSR 算法是从 Ad hoc 网络中所普遍采用的 DSR 协议的基础上发展而来的。通过将网络延迟作为路径选择的性能指标,实现数据的低延时传输。在 MSR 协议中,不同路径的延时信息需要通过主动发送探测数据包的方式获取,并借助加权循环调度算法实现数据包沿多路径的有序分发。尽管算法时延控制出色,但算法复杂度较高,且路由构建初期能耗巨大。

(6) OMP 协议通过最小代价最大流算法查找从源节点到达 Sink 节点的最优不相交点多路径。在路由建立过程中,将预期传输跳数作为决定链路权值的依据。尽管 OMP 算法在传输成功率与传递延时等方面具有较好的表现,但对于规模巨大的工业无线传感器网络而言,通过 Sink 节点在线掌握全网的拓扑与能耗信息,将消耗大量能量,并加剧网络能量空洞效应。

多路径路由典型算法比较说明见表 5-1。

表 5-1 现有不相交多路径路由算法比较说明

协议	路由分类	路径相交特征	数据分发策略	路由维护	缺点
DD[4]	分布式	节点不相交	并行传输	定期路由更新	高能耗
HREEMR[5]	分布式	节点不相交	直接传输	定期路由更新	高能耗
GNPR[6]	分布式	部分不相交	直接传输	无	可靠性不足
SMR[7]	集中式	路径不相交	并行传输	无	高能耗
MSR[8]	集中式	部分不相交	直接传输	无	高能耗
OMP[9]	集中式	部分不相交	直接传输	无	复杂度高

5.2 势场建模方法

人工势场理论是由 O. Khatib[10] 在 1986 年所提出的一种虚拟力场牵引方法,最早应用于解决移动机器人在未知环境中的路径规划问题,其基本思想是将移动机器人在未知环境中的运动抽象为一种在虚拟人工势场中的力牵引运动。在该势场中,目标位置与障碍物分别对机器人的移动产生引力与斥力作用。引力与斥力周围依据势能函数产生相应的势场,移动机器人在引力与斥力的合力作用下总是沿势场下降方向绕过障碍物,抵达目标位置。该理论建模简单,易于实现,导航精度较优,因而得到了广泛的应用[11,12]。

在工业无线传感器网络中,传感器节点所采集的数据利用多跳机制在 Sink 节点端完成汇聚。因而,在工业无线传感器网络中,数据传输具有典型的多对一特征。从空间分布角度来看,数据流动具有明显的向心性。不难发现,工业无线传感器网络中的数据流动与移动机器人受人工势场驱动前往目标位置具有相似之处。因此,我们可以将工业无线传感器网络中需要传递的数据包抽象为移动机器人,Sink 节点抽象为目标位置,网络拓扑抽象为移动机器人潜在的移动轨迹。每个传感器节点均可抽象为移动机器人行进过程中所需遵循的路标。依照上述分析,整个工业无线传感器网络的消息路由过程可抽象为机器人沿路标前往目标位置的过程。

5.2.1 环境场

工业无线传感器网络部署环境通常较为恶劣,使得传感器节点的工作易受环境因素的影响。因此,数据在传递过程中,为尽可能降低环境对路由性能的影响,应尽量避开环境恶劣区域。这与移动机器人在行进过程中,尽可能远离障碍物区域的目的类似。传感器节点能够采集周边的物理环境信息,此类信息恰好可为构建环境场提供强有力的数据支持。

1. 单一环境因素的环境场建立

传感器节点通常可采集多类环境信息。因此,首先针对单类环境信息,构造可量化的环境场函数。由于不同环境信息(如温度、湿度等)的量纲不同,需对所提环境场函数进行归一化处理,具体函数如下:

$$U^m(i) = \begin{cases} \dfrac{D_s^m(i) - D_{\min}^m}{D_l^m - D_{\min}^m}, & D_s^m(i) < D_l^m \\[2mm] 1, & D_l^m \leqslant D_s^m(i) \leqslant D_h^m \\[2mm] \dfrac{D_{\max}^m - D_s^m(i)}{D_{\max}^m - D_h^m}, & D_s^m(i) > D_h^m \end{cases} \qquad (5\text{-}1)$$

式中：$U^m(i)$ 为传感器节点 i 对应环境因素 m 所产生的环境场；$[D_l^m, D_h^m]$ 为传感器节点 i 对应环境因素 m 的可正常工作区间。若节点 i 所采集对应环境因素 m 的环境数据 $D_s^m(i)$ 置于可正常工作区间，则认为传感器节点 i 对应环境因素 m 所产生环境场 $U^m(i)$ 为 1，节点运行不受环境因素 m 影响。若所采集环境数据 $D_s^m(i)$ 偏离可正常工作区间，则节点 i 所产生环境场 $U^m(i)$ 不为 1。伴随偏离程度的上升，$U^m(i)$ 数值逐渐下降，节点运行受环境因素 m 的影响趋于明显。为实现对环境场的归一化处理，分别引入 $D_{\min}^m$ 与 $D_{\max}^m$ 作为环境因素 m 的边界，即节点针对环境因素 m 所采集数据 D_s^m 必然置于区间 $[D_{\min}^m, D_{\max}^m]$ 内。式(5-1)所对应的函数曲线如图 5-2 所示。

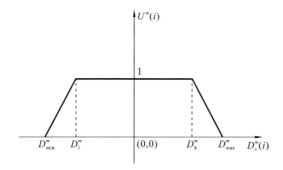

图 5-2　式(5-1)所对应的函数曲线

为进一步说明式(5-1)的合理性，以工业环境下传感器节点所经常采集的温度信息为例。若传感器节点置于高温或低温环境，将有可能导致节点工作性能下降以及失效概率上升。当传感器节点置于常温环境，则工作性能受温度影响可忽略不计。因此，可合理设定针对环境因素-温度 $T(℃)$ 的可正常工作区间为 $[0, 50]$，即当温度处于 0 ℃到 50 ℃时，节点工作不受温度影响。仅考虑一般情形，设定温度 $T(℃)$ 的边界为 $[-50, 100]$，即传感器节点所处环境的最高温度与最低温度分别为 100 ℃与 -50 ℃。因而，当传感器节点所采集的温度信息为 15 ℃时，所产生的环境场为 1。若所采集的温度信息上升至 80 ℃，则所产生的环境场降至 0.4。显然,势场的降低意味着数据途经该节点的路由成本上升。因此,通过式(5-1),可促使数据在传递过程中更倾向于选择所处环境更为温和的节点行进,避免经过危险的环境区域。

2. 多因素环境场建立

传感器节点的工作性能受多种环境因素共同影响,因此需要在构建针对单一环境因素的环境场函数基础上,设计面向多因素的环境场函数,以期反映复杂环境对消息路由的影响。定义多因素环境场函数为

$$U_{\text{multi}}(i) = \min\{U^m(i), U^n(i), \cdots\} \tag{5-2}$$

式中:$U_{\text{multi}}(i)$ 为节点 i 在多环境因素作用下所产生的复合环境场。$U^m(i)$ 与 $U^n(i)$ 分别为环境因素 m 与 n 所对应的环境场。尽管消息路由受多环境因素影响,但与一般基于加权方式构建多因素复合函数不同,$U_{\text{multi}}(i)$ 的取值需要考虑节点消息传递过程中的"短板效应",即消息路由是否途经该节点取决于该节点所产生环境场的最小值,而非加权值,若多环境因素中有一个因素造成消息路由成本过高,则该节点不应被选为中继节点。

3. 邻居环境场建立

为尽可能保证所建立消息传递路径远离危险区域,应考虑周边危险区域对节点自身势场的影响。举例说明,以节点 i 感知温度为例,若周边有邻域节点感知温度急剧上升(如火灾发生),但此时尚未波及节点 i(节点 i 自身温度势场正常)。为避免当火灾迅速蔓延至节点 i 时,节点 i 仍作为中继节点传输数据的情况发生,应将邻域节点所感知环境场与节点 i 的自身势场建立关联,使路由路径及早避开潜在危险区域。因此,定义邻域节点 j 在节点 i 处所产生的邻居环境场为

$$U_{\text{neighbor}}(i, j) = k_{ij} U_{\text{multi}}(j) \tag{5-3}$$

式中:k_{ij} 为衰减系数,由式(5-4)确定。

$$k_{ij} = \begin{cases} 1, & d_{ij} \leqslant 1 \\ 1/d_{ij}, & d_{ij} > 1 \end{cases} \tag{5-4}$$

d_{ij} 为节点 i 至节点 j 的距离。不难发现,邻域节点 j 在节点 i 处所产生的邻居环境场 $U_{\text{neighbor}}(i, j)$ 随着二者距离的增大而递减。在此基础上,定义节点 i 处所产生的邻居环境场为所有邻域节点在节点 i 处产生邻居环境场的最小值,即

$$U_{\text{neighbor}}(i) = \min\{U_{\text{neighbor}}(i, j) \mid j \in \Omega(i)\} \tag{5-5}$$

式中:$\Omega(i)$ 为节点 i 的邻域节点集合。

4. 建立综合环境场

对于传感器节点 i 而言,最终所建立的环境场为自身感知所产生的多因素

环境场 $U_{\text{multi}}(i)$ 与周边节点所传递邻居环境场 $U_{\text{neighbor}}(i)$ 共同作用的结果。为方便表述,一般假设在节点 i 处产生最小邻居环境场的节点为 j,引入归一化操作,定义综合环境场为

$$U_{\text{enviroment}}(i)=\frac{U_{\text{multi}}(i)+U_{\text{neighbor}}(i)}{1+k_{ij}} \qquad (5\text{-}6)$$

5.2.2　其他势场

1. 深度场

环境场建立的目的在于使数据在传递时尽可能选择安全路线,避开危险与潜在危险区域,从而确保整个网络路由的可靠稳定与安全。但工业无线传感器网络的目的是将数据传递至 Sink 节点。因此,我们还需要通过建立深度场指引数据从源节点出发经过若干中继节点到达 Sink 节点。首先给出关于无线传感器网络深度的定义:对于传感器节点 i,定义节点 i 到达 Sink 节点的最小跳数为节点 i 的深度 $d(i)$。随后给出深度场函数为

$$U_{\text{depth}}(i)=\frac{1}{d(i)+1} \qquad (5\text{-}7)$$

因此不难发现,若仅考虑深度场对节点消息传递的影响,消息将沿最短路径到达 Sink 节点。

2. 能量场

在多数工业情形中,无线传感器网络采用电池供电,因而在消息传递过程中,需要尽可能均衡网络能耗,延长网络使用寿命。基于该目的,引入能量场,使消息在传递过程中,尽可能选择能量更为充足的节点作为中继节点。能量场函数如下所示:

$$U_{\text{energy}}(i)=E_i/E_0 \qquad (5\text{-}8)$$

式中:E_i 为节点 i 当前时刻的剩余能量,E_0 为初始能量。

3. 目标场

目标场是指引消息沿最合理路径到达 Sink 节点的综合势场,是环境场、深度场与能量场共同作用的结果。因此,基于加权方式构建目标场函数,如下所示:

$$U_{\text{target}}(i)=(1-\alpha-\beta)U_{\text{depth}}(i)+\alpha U_{\text{enviroment}}(i)+\beta U_{\text{energy}}(i) \qquad (5\text{-}9)$$

式中:$\alpha(0\leqslant\alpha\leqslant1)$ 与 $\beta(0\leqslant\beta\leqslant1)$ 均为调节系数,用于调节消息在传递过程中选择路径的倾向。α 与 β 的取值区间均为 $[0,1]$,且应满足条件:$0\leqslant\alpha+\beta\leqslant1$。显然,当 $\alpha=\beta=0$ 时,消息将沿最短路径到达 Sink 节点。随着 α 值的上升,消息更倾向于选择安全性更高的路径行走。同理,随着 β 值的上升,消息在选择路径时将更倾向

于经过能量更充足的节点。需要注意的是,为保证全网消息能够最终汇聚至 Sink 节点,将 Sink 节点目标场势值设为 1,作为全局目标场分布的最高峰。

5.3 基于势场的不相交多路径容错路由算法

5.3.1 算法流程说明

由于在分簇拓扑中簇内成员节点仅与单一簇头节点相连,路由选择问题仅存在于簇间拓扑中。以往针对对等平面结构的不相交点多路径建立过程,在分簇拓扑中表现为所建立多路径不存在交叉簇头节点。

图 5-3 为 PFMR 算法的流程图。在网络初始化阶段,由 Sink 节点基于有限泛洪协议发起路由建立请求。全局网络范围内簇头节点接收路由请求后,根据深度、能量与环境信息建立势场,并将势场作为数据选择下一跳节点进行传

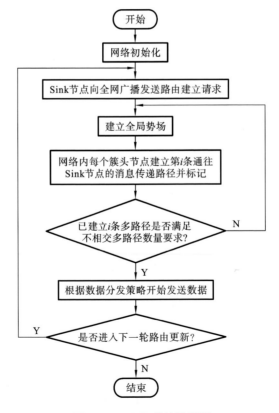

图 5-3 PFMR 算法流程图

递的依据。需要注意的是,为保证所建立多路径不存在交叉簇头节点,分别对已建立多路径进行标记。当源节点至 Sink 节点所建立的多路径满足预设路径数量要求时,路由建立完成,并依据数据分发策略进行数据传递。考虑网络拓扑、环境与节点能量的动态性,在网络运行一段时间后,开启路由更新,此时重新由 Sink 节点发送路由请求,开启新一轮的路由建立过程。为更清晰地描述PFMR 算法运行机制,下面将分别针对势场建立过程、不相交多路径建立过程、数据分发策略与路由维护机制等做进一步的说明。

5.3.2 消息与缓存列表格式

正如 5.3.1 节所述,在分簇网络中,消息路由的选择仅存在于簇间拓扑内,因此在 PFMR 算法中仅在簇头节点端建立势场,以簇间拓扑为对象构造势场分布。路由控制消息仅限于簇间流通。与路由相关的缓存列表也仅存储在簇头节点端。不相交多路径建立过程所涉及的路由控制消息共分为 5 类:SEEQ、REEQ、NEEQ、DEEQ 与 CEEQ。节点所采集环境信息均被封装至 DATA 数据包,节点自身缓存列表共有 3 种:self_List,neighbor_List 与 routing_List。各消息与列表格式如下。

1. SEEQ 消息

SEEQ 由 Sink 节点向邻居簇头节点广播,用于发起主路径搜索过程。因此,该消息仅由特殊字符构成,如"HELLO"等。

2. REEQ 消息

REEQ 由 Sink 节点的邻居簇头节点向其余簇头节点广播,使簇头节点获得自身深度信息与邻居簇头节点信息。消息格式见表 5-2。

表 5-2　REEQ 消息格式

字　　段	含　　义
type	消息类型标识位
msg_ID	REEQ 消息 ID
last_ID	转发 REEQ 消息的上一跳簇头节点 ID
hop_Info	REEQ 消息距离 Sink 节点的最小跳数信息
time	REEQ 消息生成时间

3. NEEQ 消息

NEEQ 用于邻居簇头节点交互,获得彼此多因素环境场信息。消息格式见表 5-3。

表 5-3 NEEQ 消息格式

字　　段	含　　义
type	消息类型标识位
last_ID	转发 NEEQ 消息的上一跳簇头节点 ID
multi_enviroment	转发 NEEQ 消息的上一跳簇头节点的多因素环境场势值

4. DEEQ 消息

DEEQ 用于邻居簇头节点交互,获得彼此目标场信息。消息格式见表 5-4。

表 5-4 DEEQ 消息格式

字　　段	含　　义
type	消息类型标识位
last_ID	转发 DEEQ 消息的上一跳簇头节点 ID
target	转发 DEEQ 消息的上一跳簇头节点的目标场势值

5. CEEQ 消息

CEEQ 用于确认路径占用状态。消息格式见表 5-5。

表 5-5 CEEQ 消息格式

字　　段	含　　义
type	消息类型标识位
source_ID	所需查询 DATA 数据包的源节点 ID
last_ID	转发 CEEQ 消息的上一跳簇头节点 ID
occupy_State	路径占用标识位

6. DATA 数据包

DATA 用于封装节点所需要发送的感知数据。数据包格式见表 5-6。

表 5-6 DATA 数据包格式

字　　段	含　　义
type	消息类型标识位
source_ID	DATA 数据包所对应源节点 ID
data	需要发送的数据本体
path_ID	路径信息标识位

7. self_List 列表

self_List 用于保存簇头节点个体信息。列表格式见表 5-7。

表 5-7 self_List 列表格式

字　段	含　义
node_ID	节点 ID(全网唯一标识)
depth	节点深度信息
multi_Field	节点多因素环境场信息
energy_Field	节点能量场信息
depth_Field	节点深度场信息
neighbor_Field	节点邻居环境场信息
environment_Field	节点综合环境场信息
target_Field	节点目标场信息
msg_Array	已接收 REEQ 消息的 msg_ID 序列

8. neighbor_List 列表

neighbor_List 用于保存邻居簇头节点信息,包含邻居簇头节点 ID、距离、多因素环境场与目标场信息等。列表格式见表 5-8。

表 5-8 neighbor_List 列表格式

字　段	含　义
neighbor_ID	邻居簇头节点 ID
distance	邻居簇头节点(neighbor_ID)所对应距离
multi_Field	邻居簇头节点(neighbor_ID)所对应多因素环境场
target_Field	邻居簇头节点(neighbor_ID)所对应目标场

需要注意的是:neighbor_List 为关联列表,当查询 distance、multi_Field 与 target_Field 信息时,节点需根据所提交的 neighbor_ID 查询同行信息获得结果。

9. routing_List 列表

routing_List 列表用于保存节点路由信息,包含消息源节点 ID、路径标识信息与下一跳节点 ID 等。列表格式见表 5-9。

与 neighbor_List 类似,routing_List 也为关联列表,可根据所提交 source_ID 与 path_ID 信息,获取 next_ID。

表 5-9   routing_List **列表格式**

字 段	含 义
source_ID	消息源节点 ID
path_ID	路径信息标识位
next_ID	下一跳节点 ID

5.3.3   主路径建立过程

步骤 1：Sink 节点生成并发送 SEEQ 消息。

当各簇头节点内缓存列表均已构建完成且分别拥有全网唯一的 node_ID，标志着网络初始化完成。由 Sink 节点生成 SEEQ 消息并向单跳范围内邻居簇头节点广播，用于唤醒路由发现过程。

步骤 2：Sink 节点的邻居簇头节点接收 SEEQ 消息并生成 REEQ 消息。

当簇头节点收到 SEEQ 消息，确认自身与 Sink 节点相邻，将自有信息列表 self_List 中的 depth 字段置为 1。随后遵循如下步骤生成 REEQ 消息：① 生成初始 REEQ 消息，各字段均为 NULL，并将消息生成时间记录至字段 time；② 将 self_List 中的 node_ID 与 depth 分别赋值给 REEQ 消息中的 msg_ID 与 hop_Info 字段。由于 node_ID 为全网唯一标识，Sink 节点的不同邻居簇头节点所生成的 REEQ 消息中 msg_ID 均不相同；③ 因 REEQ 消息系首次生成，无上一跳节点，将 self_List 中的 node_ID 赋值给 REEQ 消息中 last_ID 字段。最后将所生成的 REEQ 消息广播至其他邻域节点。

步骤 3：中间簇头节点首次接收 REEQ 消息并做相应处理。

当簇头节点收到 REEQ 消息，提取 msg_ID。若自有信息列表 self_List 中的 msg_Array 字段未包含该 msg_ID，确认簇头节点首次收到该 REEQ 消息。随后将遵循如下步骤进行处理：① 将 msg_ID 插入 self_List 中的 msg_Array 字段；② 提取 REEQ 消息中的 hop_Info，与 self_List 中的 depth 进行比较。若 depth 为 NULL 或 depth>hop_Info+1，则将 depth 更新为 hop_Info+1；③ 提取 REEQ 消息中的 last_ID，若 neighbor_List 中的 neighbor_ID 字段未包含 last_ID，将 last_ID 插入 neighbor_ID；④ 分别将 self_List 中的 node_ID 与 depth 对应存入 REEQ 消息中的 last_ID 与 hop_Info 字段。最后将更新完成后的 REEQ 消息广播至与其相邻的簇头节点。

步骤 4：中间节点重复接收 REEQ 消息并做相应处理。

当簇头节点发现所接收的 REEQ 消息中的 msg_ID 已存在于自有信息列

表 self_List 中的 msg_Array 字段,则认定簇头节点重复接收该 REEQ 消息。随后将遵循如下步骤进行处理:① 将 REEQ 消息中的 hop_Info 与 self_List 中的 depth 进行比较,若 depth≤hop_Info+1,则将其从缓存中删除,不再继续转发,避免消息在相邻簇头节点间往复传递,造成额外能量消耗;② 若 depth>hop_Info+1,提取 REEQ 中的 time 字段,与簇头节点当前时刻进行比较,计算该 REEQ 消息已存在时长,若超出消息生存周期 TTL(≥30 s),则认定该 REEQ 消息超时,将其从缓存中删除。若判定未超时,则依照中间簇头节点首次接收 REEQ 消息时所采取的步骤,对 REEQ 消息进行更新并广播至邻居簇头节点。

步骤 5:分别求解深度场、能量场与多因素环境场。

由于 REEQ 消息在网络内的流通时长受 TTL 限制,网络自路由发现阶段被触发后经过 TTL 时长,网络内的 REEQ 消息流通终止。此时,在经过步骤 1 至步骤 4 的基于有限泛洪机制的信息交换后,对于网络内除 Sink 节点外的任意簇头节点 i,通过查询 self_List 与 neighbor_List,可分别获得个体深度信息 depth 与邻居簇头节点身份信息 neighbor_ID。簇头节点 i 依据式(5-7),可求得深度场 $U_{depth}(i)$。除此之外,簇头节点 i 采集当前时刻与构建环境场相关的多因素环境数据,依据式(5-2),求得多因素环境场 $U_{multi}(i)$。簇头节点 i 监测自身剩余能量,依据式(5-8),求得能量场 $U_{energy}(i)$。随后将所求得的 $U_{depth}(i)$、$U_{multi}(i)$ 与 $U_{energy}(i)$ 分别存入 self_List 中的 depth_Field、multi_Field 与 energy_Field 字段。

步骤 6:生成 NEEQ 消息并邻居扩散,求解邻居环境场与综合环境场。

由于邻居环境场 $U_{neighbor}(i)$ 的求解必须依赖于周边邻居簇头节点多因素环境场的获取,因此,各簇头节点生成 NEEQ 消息,将 self_List 中的 node_ID 与 multi_Field 分别存入 NEEQ 消息中的 last_ID 与 multi_Enviroment 字段,并发送至邻居簇头节点。当簇头节点收到 NEEQ 消息,依照 last_ID 将对应 multi_Enviroment 存入 neighbor_List 中的 multi_Field 字段。除此之外,簇头节点根据所接收 NEEQ 消息的接收信号强度 RSSI,估算自身与邻居簇头节点距离,并对应存入 neighbor_List 中的 distance 字段。当邻居交互完成,对于除 Sink 节点外的任意簇头节点 i,分别提取 neighbor_List 中邻居簇头节点的多因素环境场与邻接距离,依据式(5-3)求解 $U_{neighbor}(i)$,并存入 self_List 中的 neighbor_Field 字段。

步骤 7:求解目标场并邻居扩散。

对于除 Sink 节点外的任意簇头节点 i,可依据 self_List 中与势场相关字段的信息,依据式(5-10)求得目标场 $U_{target}(i)$,并存入 self_List 中的 target_Field 字段。随后将该字段与 node_ID 分别存入 DEEQ 消息中的 target 与 last_ID 字段,并发送至邻居簇头节点。当簇头节点收到 DEEQ 消息,依照 last_ID 将对应的 target 存入 neighbor_List 中的 target_Field 字段。当以上邻居交互完成后,各簇头节点除拥有自身目标场 $U_{target}(i)$ 外,通过查询 neighbor_List 还可获得邻居簇头节点目标场,为下一步主路径的建立提供数据支持。

步骤 8:生成 DATA 数据包。

当节点 i 首次有传感数据产生,生成 DATA 数据包。若 DATA 数据包在簇内成员节点端生成,将数据发送至所属簇头节点。当簇头节点生成或接收来自所属簇单元的 DATA 数据包时,依照如下步骤进行:① 将 node_ID 对应放入 DATA 中的 source_ID 字段,用于标识数据包的源节点;② 将 node_ID 对应放入 DATA 中的 last_ID 字段,用于下一跳簇头节点获取上一跳簇头节点 ID;③ 依照数据分发策略,若 DATA 被设定为沿主路径发送,将 DATA 中 path_ID 字段设为 1,用于主路径标识。

步骤 9:源节点依据路由表,确定下一跳节点。

簇头节点 i 根据 DATA 数据包中的 source_ID 与 path_ID 字段查询 routing_List,确认是否存在对应的 next_ID。若不存在,请查询 neighbor_List 中的 target_field 字段,选择目标场势值最大的邻居簇头节点作为下一跳节点,并将该邻居簇头节点 neighbor_ID、节点 i 的 node_ID 与 DATA 数据包中的 path_ID 对应存入 routing_List 中的 next_ID、source_ID 与 path_ID 字段;若 routing_List 中存在对应的 next_ID,则将该簇头节点作为下一跳节点。

步骤 10:中间节点依据路由表,确定下一跳节点。

簇头节点 i 收到 DATA 数据包,分别提取 source_ID、last_ID 与 path_ID 字段。根据 source_ID 与 path_ID 查询 routing_List 中是否存在对应的 next_ID。若不存在,请查询 neighbor_List 中的 target_Field 字段,选择除 last_ID 外目标场势值最大的邻居簇头节点作为下一跳节点,以避免数据又返回上一跳节点,随后将该邻居簇头节点 neighbor_ID 与 DATA 数据包中的 source_ID、path_ID 对应存入 routing_List 中的 next_ID、source_ID 与 path_ID 字段;若 routing_List 中存在对应的 next_ID,则将该簇头节点作为下一跳节点。

以图 5-4 所示的分簇无线传感器网络的簇间拓扑为例,此时历经步骤 1 至步骤 7,各簇头节点均拥有自身与邻居簇头节点目标场势值。对于簇头节点 6,

当首次生成或接收来自簇内的 DATA 数据包时,依照数据分发策略确认 DATA 数据包沿主路径发送。因 DATA 系首次生成,routing_ List 为 NULL,不存在 next_ID。因此通过查询 neighbor_List,选取势值最大的簇头节点 4 作为下一跳节点,并将相应信息写入 routing_List。同理,当 DATA 到达簇头节点 4,比较邻居簇头节点目标场,选取簇头节点 3 作为下一跳节点,并同步更新 routing_List。以此类推,可获得簇头节点 6 到达 Sink 节点的路由主路径为: 6→4→3→1→Sink。当簇头节点 6 再次有 DATA 数据包生成,且确认为沿主路径发送,只需查询 routing_List 中的 next_ID,即可确定下一跳节点,避免反复查询,达到降低能耗开销与路由复杂度的目的。

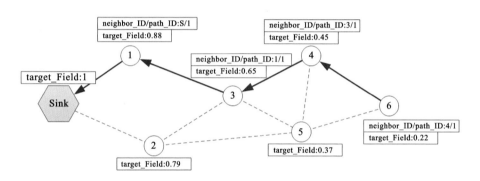

图 5-4 消息路由沿主路径传递过程

5.3.4 第 2 条路径建立过程

在主路径建立过程中,各簇头节点均已获取邻居簇头节点的目标场势值且通过 routing_List 列表对主路径节点进行标识。因而在第 2 条路径建立过程中不需要重复步骤 1 至步骤 7,仅需保证参与建立第 2 条路径的簇头节点不与主路径节点发生重合,选取除主路径节点与上一跳节点外目标场势值最大的簇头节点作为第 2 条路径的下一跳节点。具体步骤如下所示。

步骤 1:生成 DATA 数据包。

与生成沿主路径发送的 DATA 数据包相同,仅将 path_ID 变更为 2,用于标识该数据包沿第 2 条路径发送。

步骤 2:源节点依据路由表,确定下一跳节点。

簇头节点 i 根据 DATA 数据包中 source_ID 与 path_ID 字段查询 routing_ List,确认是否存在对应的 next_ID。若不存在,根据 source_ID 查询 routing_

List,确定已被其他路径占用的 neighbor_ID,则此类邻居簇头节点不能作为下一跳节点。随后通过查询 neighbor_List 中的 target_ID 字段从剩余邻居簇头节点中选取目标场势值最大的簇头节点作为下一跳节点,并将该邻居簇头节点 neighbor_ID、节点 i 的 node_ID 与 DATA 数据包中的 path_ID 对应存入 routing_List 中的 next_ID、source_ID 与 path_ID 字段。

步骤 3:中间节点依据路由表,确定下一跳节点。

簇头节点 i 收到 DATA 数据包,分别提取 source_ID、last_ID 与 path_ID 字段,根据 source_ID 与 path_ID 查询 routing_List 是否存在对应 next_ID。① 若不存在,表明来自 source_ID 节点的第 2 条路径尚未建立。此时,簇头节点 i 将 source_ID 与 node_ID 代入 CEEQ 消息中的 source_ID 与 last_ID 字段,并向邻居簇头节点广播该消息。当邻居簇头节点收到来自簇头节点 i 的 CEEQ 消息,查询 routing_List 中的 source_ID 字段是否已包含从 CEEQ 消息中所提取的 source_ID。若包含,说明该邻居簇头节点已被来自 source_ID 节点的路径占用,因而将 CEEQ 消息中的 occupy_State 字段置 1,将 last_ID 更新为自身 node_ID,并返回 CEEQ 消息至簇头节点 i。反之,经查询,若未包含 source_ID,则将 occupy_State 置 0,更新 last_ID,并返回 CEEQ 消息。簇头节点 i 根据所接收的 CEEQ 消息确认邻居簇头节点中尚未被占用的节点,并从中选取目标场势值最大的簇头节点作为下一跳节点,随后将该邻居簇头节点 neighbor_ID 与 DATA 数据包中的 source_ID、path_ID 对应存入 routing_List 中的 next_ID、source_ID 与 path_ID 字段。② 若 routing_List 中存在对应的 next_ID,则将该簇头节点作为下一跳节点。

结合图 5-5 举例说明。仍以簇头节点 6 为例,通过主路径建立过程,已确立主路径:6→4→3→1→Sink。此时,簇头节点 6 为保持能耗与负载均衡,确定沿第 2 条路径传输数据。簇头节点 6 作为源节点端,仅需通过查询 routing_List 中的 source_ID 字段,即可确认簇头节点 4 已被主路径占用,因此选择簇头节点 5 作为第 2 条路径的下一跳节点。当 DATA 数据包抵达簇头节点 5,簇头节点 5 作为中间节点,向邻居广播 CEEQ 消息,用于确认路径占用信息。经反馈得知仅簇头节点 2 未被占用,则选择该节点作为下一跳节点,并将 routing_List 列表中 neighbor_ID=2 与 DATA 数据包中的 source_ID=6、path_ID=2 对应存入 routing_List 中 next_ID、source_ID 与 path_ID 字段。以此类推,可获得簇头节点 6 到达 Sink 节点的第 2 条路径为:6→5→2→Sink。

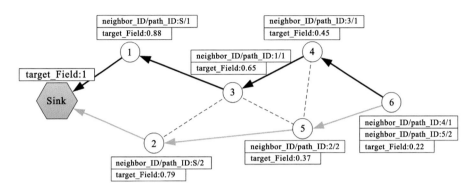

图 5-5　消息路由沿第 2 条路径传递过程

5.3.5　退火机制

如图 5-6 所示,尽管簇头节点 1 与簇头节点 3 相比,因到达 Sink 节点距离更近,所产生的深度场更为显著。但由于受环境场和能量场的综合作用,簇头节点 3 的目标场仍将高于节点 1。此时,簇头节点 4 收到或产生 DATA 数据包,按照目标场高低,将沿 4→2→3 行进。当 DATA 到达簇头节点 3,簇头节点 3 通过单跳范围内广播 CEEQ 消息,查询簇头节点 4 的占用情况,得知簇头节点 4 已被占用。此时,DATA 传递陷入停滞。为避免上述情况的发生,我们在路由中引入退火机制。具体操作如下。

(1) 簇头节点 3 收到 DATA 数据包,分别提取 source_ID、last_ID 与 path_ID 字段,经单跳范围内广播 CEEQ 消息,查询确认邻居簇头节点均被占用。将 DATA 数据包中 source_ID 对应存入 routing_List 中的 source_ID 字段,并将对应 next_ID 与 path_ID 字段置 0。next_ID=0 与 path_ID=0 用于标识该节点对于来自 source_ID 节点的消息,无可用下一跳节点。

(2) 簇头节点 3 将 DATA 数据包退回上一跳节点即 last_ID。此时,簇头节点 2 收到 DATA 节点,并重新向邻居簇头节点广播 CEEQ 消息。经查询,验证簇头节点 3 与簇头节点 4 均被占用,簇头节点 1 与簇头节点 5 尚未被占用。簇头节点 2 选择目标场势值较大的簇头节点 1 作为下一跳节点。引入退火机制后,簇头节点 4 首次发送 DATA 数据包的完整路径为:4→2→3→2→1→Sink。后续 DATA 数据包将沿路径:4→2→1→Sink 传递。不难发现,退火机制的实质是当节点传递消息无可用下一跳节点时,将消息退回上一跳节点,由上一跳节点重新建立传输路径。通过退火机制,能够有效避免消息在传递过程中陷入停滞,实现消息的纠错传输。

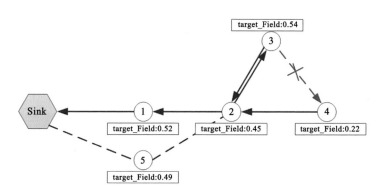

图 5-6　退火机制流程示意图

5.3.6　数据分发策略

数据分发策略的目的在于决定源节点采用何种策略分配所产生的数据流量。正如 5.1.1 节所述,采用最优原则分发数据,将使得主路径所途经节点能量过早耗尽,而采用并行原则,过多数量的消息副本在网络内流通,将加剧数据冲突与网络能耗。基于以上考虑,本章所提 PFMR 算法采用概率选择方式完成数据分发。具体策略如下:对于源节点 i 已建立通往 Sink 节点的 k 条不相交多路径 $\{l_1, l_2, \cdots, l_k\}$,可得与 k 条多路径对应的下一跳簇头节点集合 $Z = \{n_1, n_2, \cdots, n_k\}$,则路径 l_i 的被选择概率为

$$P(l_i) = \frac{U_{\text{target}}(n_i)}{\sum_{j=1}^{k} U_{\text{target}}(n_j)} \tag{5-10}$$

通过上述方式,不同路径依照主次程度分别被赋予不同的路径选择概率,使得性能较优的路径有较高概率被选择传递数据,与此同时,又避免单一路径被过度使用。除此之外,在路由维护过程中,通过邻居交互与路由更新,簇头节点 i 缓存内的邻居簇头节点目标场势值动态变化,使得各条路径被分配的流量随着被选择概率的变化而呈现出明显的动态性特征,从而提升节点应对路由变化的响应能力。

5.3.7　路由维护机制

当网络路由建立完成并开始发送数据,引入一种合理有效的路由维护机制

是保证网络路由服务质量的关键。为此，在本章所提 PFMR 算法的路由维护机制中，采用局部维护与全局维护相结合的方式确保消息路由的可靠稳定运行。

（1）局部维护　当簇头节点能量不足或所感知的环境数值发生剧烈变化时，告知邻居簇头节点，使其在消息路由过程中能够对周边节点能量或环境变化做出快速有效响应。具体方式如下：

当簇头节点 i 的剩余能量值 $E(i) < \lambda_e$ 时，触发局部维护机制，通过消息广播方式告知邻居簇头节点自身剩余的能量不足。当邻域节点 j 接收通知消息后，将 neighbor_List 内节点 i 所对应的目标场势值置 0，则邻域节点 j 在选择下一跳节点时避免经过簇头节点 i。

当簇头节点 i 针对任意环境因素 m，满足式(5-11)时，触发局部维护机制：

$$|D_s^m(i,t) - D_s^m(i,t-1)| > \gamma(D_h^m - D_l^m) \tag{5-11}$$

式中：$\gamma(0 < \gamma < 1)$ 为环境维护阈值。当簇头节点 i 针对环境因素 m 前后时刻所感知的数值差值大于正常工作区间 $[D_l^m, D_h^m]$ 的 γ 倍时，认定簇头节点 i 所处环境变化剧烈，此时更新自身目标场势值，并发送通知消息至邻居簇头节点。邻域节点 j 接收通知消息后，提取节点 i 目标场势值，并将 neighbor_List 内节点 i 所对应目标场势值替换为最新，则邻域节点 j 在选择下一跳节点时能够根据最新目标场势值，判断是否经过簇头节点 i。

（2）全局维护　网络在运行过程中能量与环境动态变化且存在节点动态加入与退出等情形，因此需要在全局网络范围内对节点路由进行定期更新，使路由能够针对网络运行情况做出有效的动态调整。具体方式如下：

当网络初始化完成，Sink 节点开启定时器 Timer，并通过向邻居簇头节点发送 SEEQ 消息开启路由建立过程。当 Timer = T_{reset} 时，重新发送 SEEQ 消息开启新一轮的路由建立过程，并重置 Timer。显然，T_{reset} 取值过大，意味着两次路由更新过程间隔过长，将降低路由对环境、能耗以及拓扑动态变化的响应能力。T_{reset} 取值过小，则意味着路由更新频率过快，将产生大量额外路由开销。

5.4　仿真结果与分析

5.4.1　仿真参数设定

为验证本章所提不相交多路径路由算法 PFMR 的性能，基于 Maltab 开展仿真实验。考虑在工业环境下温度过高或过低都将导致节点内电子元器件的故障概率上升，进而增加节点失效的可能。湿度过大将会引发严重的电磁波绕射效应，并加剧信号噪声，导致信号传输可信度下降。湿度过低将使得传感器节点受静电影响程度加深，导致故障概率上升。因此，分别选取温度与湿度作为影响传感器节点正常工作的环境因素。图 5-7 为所设定环境的温度与湿度分布模型。仿真所采用的网络拓扑由第 3 章所提分簇无标度演化模型在 100 m×100 m 区域内生成，节点规模设定为 300，新增连接数 $m=3$，其他参数与表 5-10 一致。所生成网络簇间拓扑见图 5-8。每个传感器节点均带有温度与湿度传感器，可获取所处位置的温度与湿度信息，采集误差设为 5%。具体仿真参数如表 5-10 所示。

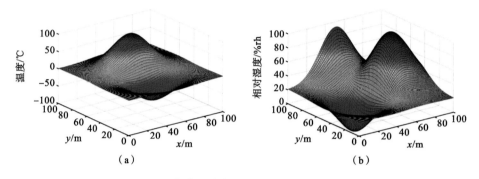

图 5-7　仿真区域内温度与湿度分布示意图

（a）温度；（b）相对湿度

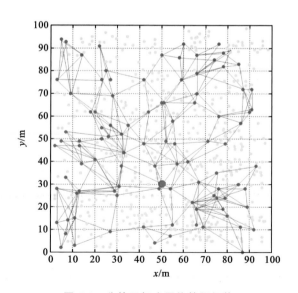

图 5-8　分簇无标度网络簇间拓扑

表 5-10　仿真参数

参 数 类 型	参 数 值
仿真时间 T/回合	1000
节点传输半径/m	20
初始能量 E_0/J	5
数据包长/bit	400
随机生成消息概率	0.02
可正常工作区间上界(温度)D_h^T/℃	50
可正常工作区间下界(温度)D_l^T/℃	0
最大值(温度)D_{max}^T/℃	100
最小值(温度)D_{min}^T/℃	−50
可正常工作区间上界(相对湿度)D_h^H/%rh	70
可正常工作区间下界(相对湿度)D_l^H/%rh	10
最大值(相对湿度)D_{max}^H/%rh	100
最小值(相对湿度)D_{min}^H/%rh	0
环境维护阈值 γ	0.2
全局维护定时器 T_{reset}/回合	100

5.4.2　势场分析

图 5-9(a)与(b)分别为依照式(5-1)所求得的温度与湿度环境场分布。图 5-9(c)为在温度与湿度共同作用下,考虑邻居环境场影响,依照式(5-6)所求得综合环境场分布。

图 5-10 为依照式(5-7)所求得的深度场分布。不难发现,与在环境场中存在一定数量势值为 1 的簇头节点相比,在深度场中仅 Sink 节点势值为 1,且多数簇头节点的势值随着到达 Sink 节点最短跳数的上升而逐渐下降,但下降幅度趋于平缓。这是由于相邻簇头节点到达 Sink 节点的最短跳数差值最大为 1。对于距离 Sink 节点跳数分别为 n 与 $n+1$ 的相邻簇头节点 i 与 j 而言,二者深度场差异为 $[(n+1)(n+2)]^{-1}$。因而,伴随最短跳数 n 的上升,邻居簇头节点深度场差异越来越小。当 i 为 Sink 节点邻居簇头节点,而 j 为 i 的邻居簇头节点且到达 Sink 节点的最短跳数为 2 时,两节点深度场势值差异为 0.17。当簇头节点 i 距离 Sink 节点的最短跳数上升至 4,而 j 为 i 的邻居簇头节点且到达

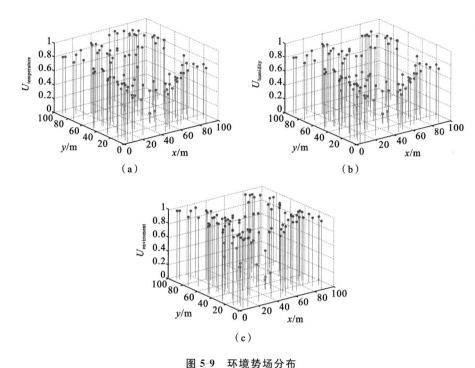

图 5-9　环境势场分布

（a）温度环境场；（b）湿度环境场；（c）综合环境场

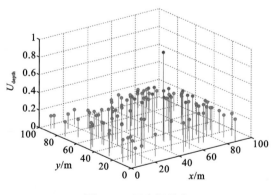

图 5-10　深度场分布

Sink 节点的最短跳数为 5 时，二者深度场势值差异仅为 0.03。鉴于以上差异，当簇头节点在距离 Sink 节点较远时，更多只考虑环境场与能量场的作用。伴随到达 Sink 节点最短距离的缩短，深度场对路由的导向作用趋于明显，从而确保所传递消息最终能够到达 Sink 节点。

图 5-11 为当网络运行至第 50 个单位时间步时节点能量场分布图。与深度场相反,在能量场中距离 Sink 节点越近的节点势值越低。结合无线传感器网络有关能量空洞表述[13],不难理解,距离 Sink 节点越近的节点除发送自身采集数据外,还需承担更多的数据转发任务,能量消耗较远端节点更为迅速,因而能量场势值更低。

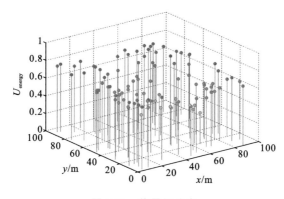

图 5-11　能量场分布

如图 5-12～图 5-15 所示,不同势场调节系数设置下所生成的不相交多路径差异明显。在图 5-12 中,$\alpha=\beta=0$,此时所生成目标场与深度场完全一致。对于节点 A 所建立的不相交多路径,均沿最短路径到达 Sink 节点,多路径平均长度为 5。而在图 5-13 中,$\alpha=0.5,\beta=0$,目标场受深度场与环境场的共同作用,因

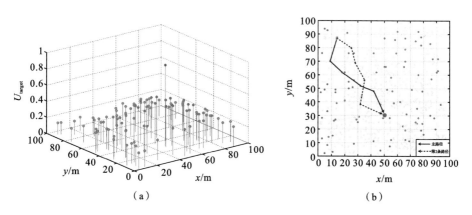

（a）　　　　　　　　　　　　　　（b）

图 5-12　目标场分布与对应路由多路径规划($\alpha=\beta=0$)

（a）目标场分布；（b）多路径规划

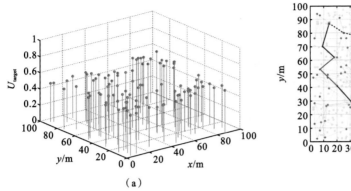

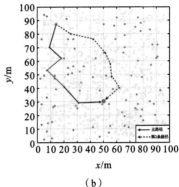

（a）

（b）

图 5-13　目标场分布与对应路由多路径规划（$\alpha=0.5$，$\beta=0$）

（a）目标场分布；（b）多路径规划

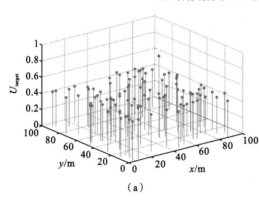

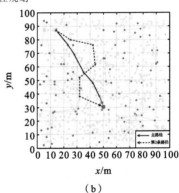

（a）

（b）

图 5-14　目标场分布与对应路由多路径规划（$\alpha=0$，$\beta=0.5$）

（a）目标场分布；（b）多路径规划

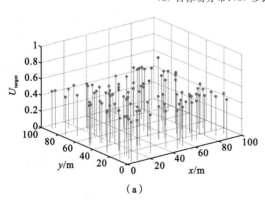

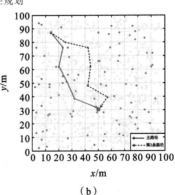

（a）

（b）

图 5-15　目标场分布与对应路由多路径规划（$\alpha=\beta=0.25$）

（a）目标场分布；（b）多路径规划

而节点 A 与 Sink 节点所建立不相交多路径,竭力避开危险区域,多路径平均长度增至 6.5。对于图 5-14,$\alpha=0,\beta=0.5$,目标场仅受深度场与能量场影响,而在能量空洞作用下,能量场与深度场呈现出一定程度的负相关特征,所得目标场较其他调节参数设定更为均匀,节点 A 平均需经历 5 个中继节点才能抵达 Sink 节点。在图 5-15 中,$\alpha=\beta=0.25$,消息路由为深度场、环境场与能量场共同作用的结果,所得节点 A 至 Sink 节点的不相交多路径平均长度为 5.5。

5.4.3　不同参数设定下路由性能分析

分别选取网络生存节点比例、平均路由长度与数据接收率作为路由性能测度。首先给出节点 i 的故障概率函数 $P_f(i)$:

$$P_f(i)=\mathrm{e}^{-\lambda U_{\mathrm{enviroment}}(i)} \tag{5-12}$$

式中:λ $(\lambda>0)$ 为故障调节系数,用于调节节点故障发生概率受环境因素影响的波动程度。λ 取值越大,则节点故障行为与外部环境关联越弱。节点故障概率与节点所处环境密切相关,因此节点 i 的故障概率函数 $P_f(i)$ 将节点 i 所处环境场 $U_{\mathrm{enviroment}}(i)$ 作为输入。由于多数电子产品寿命分布一般服从指数分布,对指数分布一般形式 $f(x)=\lambda\mathrm{e}^{-\lambda x}$ 进行缩放操作,使节点故障概率具备典型指数分布特征,且满足条件:故障概率分布区间为 $[0,1]$。如图 5-16 所示,当节点环境场势值较大时,发生故障的概率较低。随着势值的减小,故障发生概率逐渐升高,且上升速率明显增大,满足节点受环境因素影响而故障概率上升的一般描述。在本章,综合考虑传感器节点故障特征,设定 $\lambda=10$。需要注意的是,为准确验证路由性能,在消息传递过程中,因节点故障所导致的数据丢包均不采取

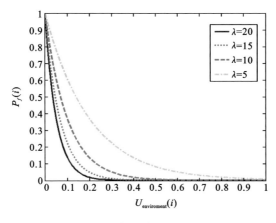

图 5-16　节点故障发生概率

链路重传机制。

以下分别给出路由性能测度定义。

(1) 网络生存节点比例(survival ratio) 当前时刻 t,网络中生存节点占节点总数的比例。生存节点是指与 Sink 节点建立有效链路且剩余能量仍可支持下一时刻数据发送的传感器节点。

(2) 平均路由长度(average routing length) 当前时刻 t,网络中的生存节点到达 Sink 节点的平均路由长度。对于节点 j,若建立 k 条前往 Sink 节点的不相交多路径,且 k 条路径的长度分别为 $l_1,l_2,\cdots,l_k$,节点 j 的平均路由长度为

$$L_j = \sum_{i=1}^{k} l_i/k \tag{5-13}$$

则当前时刻 t 网络的平均路由长度为

$$L(t) = \sum_{i=1}^{S(t)} L_i/S(t) \tag{5-14}$$

式中:$S(t)$ 为当前时刻 t 网络中的生存节点数量。网络平均路由长度用于表征网络中各节点到达 Sink 节点的传输延时。若平均路由长度越长,则传输延时越明显。

(3) 数据接收率(receiving rate) 截止到当前时刻 t,Sink 节点所接收数据量占全网总计发送数据量比例。设定截止时刻 t 全网总计生成 m byte 数据,而最终到达 Sink 节点的数据为 n byte,则数据接收率为 n/m。对于网络中已建立的路由路径,若该路径中有任意节点因故障或能量耗尽等原因陷入失效,则链路中断,沿该链路所传递的数据也随之丢失。显然,当所建立路由路径安全可靠且能耗较低时,数据接收率表现较优。

为方便验证不相交多路径数量以及不同势场调节系数对网络路由性能的影响,分别将拓扑演化机制中的新增连接数 m 设为 6,簇头比例设为 0.4,重新生成分簇无标度拓扑。

图 5-17 为不同势场调节系数作用下数据接收率的对比示意图。如图 5-17(a)所示,当路由被设定为沿单路径传输,$\alpha=\beta=0.25$ 时数据接收率在不同网络规模上均高于 0.5,明显优于其他三种参数设定情形。这是由于在网络运行初期,网络中各簇头节点能量充足,因环境所造成的节点故障是造成链路中断的主要原因。在网络运行后期,由于 Sink 节点附近簇头节点能量提前耗尽,绝大部分采集数据无法传递至 Sink 节点,能量空洞成为链路中断的主要原因。当调节系数设定为 $\alpha=\beta=0.25$ 时,所建立目标场综合考虑环境场与能量场作用,使得所生成路径在不易被环境因素中断的同时,避免穿越能量不足的节点,使

链路可靠性得到明显改善。如图 5-17(b)所示，与单路径传输相比，多路径传输能够有效提升数据接收率。显然，多路径传输采用分流方式进行数据传递，避免过度依赖单一链路，使数据传输的可靠性得到进一步提升。图 5-18 进一步验证了网络中不相交多路径数量的增多对数据接收率的提升效果。但值得注意的是，当网络中不相交多路径数量 N_p 大于 3 时，不相交多路径数量对数据接收率的提升效果趋近于饱和。这是由于后续所生成不相交多路径为避免与已有路径重合，存在被迫经过危险区域或能量不足节点的可能，从而增加数据丢失的风险。

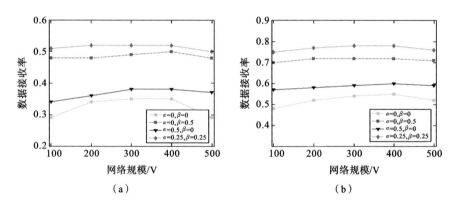

图 5-17　不同网络规模下数据接收率变化示意图

（a）单路径传输模式；（b）多路径传输模式（N_p＝3）

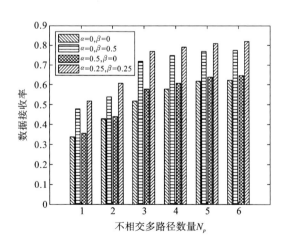

图 5-18　不同数量传输路径设置下数据接收率变化示意图

图 5-19 为依照不同势场调节系数设定所得网络生存节点比例变化示意图。如图 5-19(a)所示,伴随网络规模的扩大,网络生存节点比例逐步递减。这是由于网络规模的扩大将导致 Sink 节点周边节点通信负载增加,进而加剧能量空洞现象,导致网络生存节点比例下降。在单路径传输设定下,$\alpha=0,\beta=0.5$ 与 $\alpha=\beta=0.25$ 两种情形所获生存节点比例相近。这是由于在上述两种参数设定情形下,目标场生成受能量场影响,使得消息在传递过程中尽可能避免经过能量不足节点,从而达到延长此类节点使用寿命的目的。如图 5-19(b)所示,与单路径传输相比,依照不相交多路径构建网络路由,由于能够有效均衡网络负载,生存节点比例能够得到明显改善,确保网络在长时间运行后,仍有多数节点可维持正常工作。如图 5-20 所示,伴随网络中不相交多路径数量 N_p 的增多,对网络生存节点比例的提升效果逐步下降。由此不难发现,过多的不相交多路径在增加路由复杂度的同时,对网络性能的提升效果也将趋于饱和。因此,在路由规划过程中,应对不相交多路径数量进行合理控制,以实现路由性能的最优化。

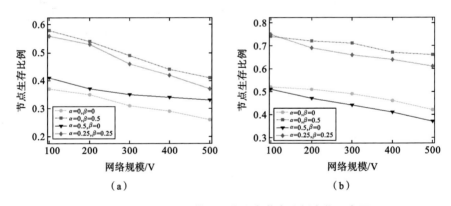

图 5-19 不同网络规模下网络生存节点比例变化示意图

(a) 单路径传输模式;(b) 多路径传输模式($N_p=3$)

图 5-21 描述了不同势场调节系数下网络平均路由长度的对比情况。平均路由长度伴随网络规模的扩大而轻微下降。与一般结论“网络平均路由长度随网络规模扩大而上升”不同,在本次仿真设定中,仿真区域面积固定,节点数量的增多将使单个节点传输范围内的节点密度增加,使其有更多可能选择更优的下一跳节点传递数据,进而缩短到达 Sink 节点的距离。仅统计已成功传递的数据包,当 $\alpha=0,\beta=0$ 时,数据传递至 Sink 节点所需经历的平均跳数最少。不

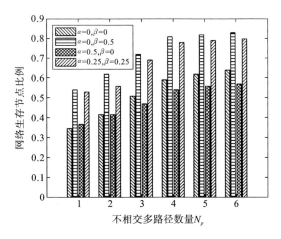

图 5-20 不同数量传输路径设置下网络生存节点比例变化示意图

难理解,此时网络目标场的生成仅受深度场作用,使消息在传递时仅沿至 Sink 节点最短路径行进,因而平均路由长度最短。当 $\alpha=\beta=0.25$ 时,尽管平均路由长度略大于 $\alpha=0$、$\beta=0$ 时的网络情形,但仍明显优于其他两种网络情形。如图 5-22所示,与单路径对数据接收率和网络生存节点比例的改善效果不同,网络平均路由长度伴随不相交多路径数量 N_p 的增加而出现一定程度的上浮。这是由于为避免与已有路径相交,后续路径通常需要规避已被占用节点,使得后续路径长度与已有路径相比有略微增加。

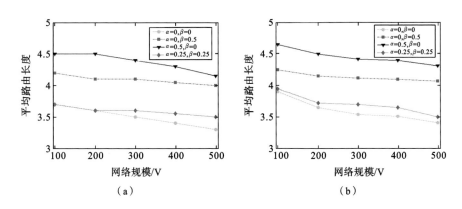

图 5-21 不同网络规模下网络平均路由长度变化示意图

(a) 单路径传输模式;(b) 多路径传输模式($N_p=3$)

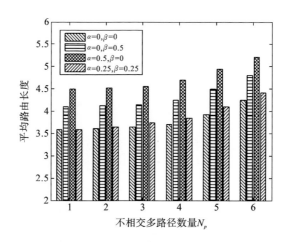

图 5-22　不同数量传输路径设置下网络平均路由长度变化示意图

5.4.4　不同算法的路由性能对比分析

在对比实验环节,选取已有路由算法中性能最优的 MSR[8] 与 OMP[9] 作为对比算法。

图 5-23 为不同路由算法的数据接收率对比示意图。当路由方式为单路径传输,PFMR 算法的数据接收率明显高于其他两种路由算法。这是由于现有算

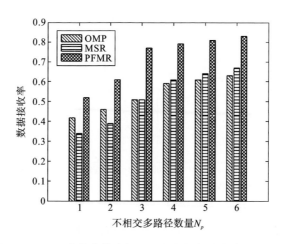

图 5-23　不同数量传输路径设置下数据接收率变化示意图

法通常仅将能耗与距离等因素作为数据传输路径建立的依据,并未考虑环境对链路可靠性的影响,使得所建立路径容易被中断,影响数据接收率。伴随网络中可用传输路径数量的增多,三种路由算法性能均有明显提升。对于 PFMR 算法,当不相交多路径数量 N_p 大于 3 时,不相交多路径数量对数据接收率的提升效果趋于饱和,意味着网络仅需维持较小路由开销即可使路由抗毁性能较优。而对比 MSR 与 OMP 算法,为确保路由抗毁性能满足消息传递需要,需在网络中构建更多数量不相交多路径,在增加路由开销的同时,使得路由复杂度明显上升。

图 5-24 为不同路由算法的网络生存节点比例对比示意图。在单路径传输模式下,三种算法性能差异并不明显。但伴随网络中可用传输路径数量的增多,PFMR 算法在生存节点比例指标上的性能优势也逐渐凸显。这是由于在 PFMR 算法中,采用了基于最优概率选择的数据分发方式,与其他两种算法相比,避免依赖单一链路,使网络负载更加均衡,进而确保网络在长时间运行后多数节点剩余能量充足且仍可维持与 Sink 节点的有效连通。

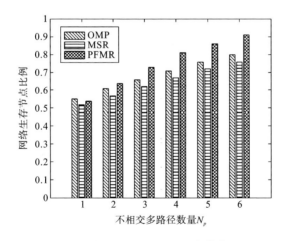

图 5-24　不同数量传输路径设置下网络生存节点比例变化示意图

图 5-25 描述了不同路由算法的网络平均路由长度对比示意图。OMP 算法平均路由长度最短,MSR 算法次之。这是由于 PFMR 算法在路径选择过程中,需要规避危险区域,因此平均路由长度较 MSR 与 OMP 算法有所延长。

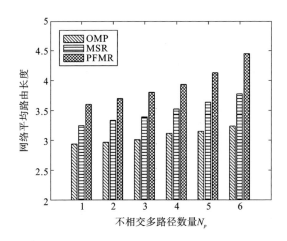

图 5-25　不同数量传输路径设置下网络平均路由长度变化示意图

5.5　本章小结

　　本章提出了一种基于势场的不相交多路径容错路由算法 PFMR。算法将工业无线传感器网络抽象为人工势场,且势场受环境场、能量场与深度场共同作用。传感器节点依据邻域节点势场的大小选择下一跳节点进行数据传递。算法在满足低能耗与低延时等关键路由性能指标的基础上,使所建立的不相交多路径尽可能避开危险环境区域,实现消息路由的长时可靠稳定运行。除此之外,算法的路由建立与维护机制具备典型分布式特征,具有较强的场景适应性。经仿真验证,PFMR 算法在以高温、高湿为典型环境特征的工业场景中仍能保持较好的路由性能。

本章参考文献

[1] Sitanayah L，Brown K N，Sreenan C J. A fault-tolerant relay placement algorithm for ensuring k vertex-disjoint shortest paths in wireless sensor networks[J]. Ad Hoc Networks，2014，23：145-162.

[2] 于磊磊. 无线传感器网络不相交多路径容错路由研究[D]. 济南:山东大学，2014.

[3] Liu A，Zheng Z，Zhang C，et al. Secure and energy-efficient disjoint mul-

tipath routing for WSNs[J]. IEEE Transactions on Vehicular Technology，2012，61(7)：3255-3265.

[4] Intanagonwiwat C，Govindan R，Estrin D，et al. Directed diffusion for wireless sensor networking[J]. IEEE/ACM Transactions on Networking，2003，11(1)：2-16.

[5] Ganesan D，Govindan R，Shenker S，et al. Highly-resilient，energy-efficient multipath routing in wireless sensor networks[J]. ACM SIGMOBILE Mobile Computing and Communications Review，2001，5（4）：11-25.

[6] Kumar A，Varma S. Geographic node-disjoint path routing for wireless sensor networks[J]. IEEE Sensors Journal，2010，10(6)：1138-1139.

[7] Lee S J，Gerla M. Split multipath routing with maximally disjoint paths in ad hoc networks[C]// 2001 IEEE International Conference on Communications，2001，10：3201-3205.

[8] Moustafa M A，Youssef M，El-Derini M N. MSR：A multipath secure reliable routing protocol for WSNs[C]// Proceedings of the 2011 9th IEEE/ACS International Conference on Computer Systems and Applications，2011：54-59.

[9] Srinivas A，Modiano E. Minimum energy disjoint path routing in wireless ad-hoc networks[C]// Proceedings of the 9th ACM Annual International Conference on Mobile Computing and Networking，2008：122-133.

[10] Khatib O. Real-time obstacle avoidance for manipulators and mobile robots[J]. International Journal of Robotics Research，1986，5（1）：90-98.

[11] 毛昱天，陈杰，方浩. 连通性保持下的多机器人系统分布式群集控制[J]. 控制理论与应用，2014，31(10)：1394-1403.

[12] 梁华为. 基于无线传感器网络的移动机器人导航方法与系统研究[D]. 合肥：中国科学技术大学，2007.

第 6 章
网络故障检测

在前面的章节中,已分别针对工业无线传感器网络在初始化阶段与运行阶段所遭遇的抗毁性难题给出了相应的"预防措施"与"运行措施",目的在于确保网络在发生失效行为后剩余节点仍能提供可靠稳定的数据服务。但在实际工业场景中,传感器节点极易因外部环境干扰等因素发生故障,如果在故障行为发生后的一段时间内,未能采取合理有效的网络"维护措施",将会引起网络性能持续下降,最终导致更为严重的失效事件发生。因此,当网络因节点故障而出现服务能力下降时,在第一时间感知故障的发生是确保工业无线传感器网络长时稳定可靠运行的重要环节。

6.1 研究现状

当前无线传感器网络故障检测算法大致可以分为:基于投票策略的检测算法;基于中值策略的检测算法;基于分簇的检测算法。

1. 基于投票策略的检测算法

在基于投票策略的故障检测算法中,传感器节点通过比较自身决策与大多数邻域节点决策是否相同判断自身故障是否发生。典型算法包括:FD 算法[1]、DFD 算法[2]与改进 DFD 算法[3]等。FD 算法将多个连续时刻下待检测节点与邻域节点的差值信息作为故障检测依据。若待检测节点与多数邻域节点在多数时刻下均状态相似,则认为该节点为正常节点。FD 算法操作简单,具有较低的算法复杂度。但当待测节点的邻域节点数量较少时,节点故障检测精度不佳。在 Chen[2]等所提的 DFD 算法中,被检测节点首先通过与邻域节点的比较,初步判定自身状态,随后通过邻居扩散对可能状态进行确认,得到最终的检测结果。因此,正常节点应至少满足两个条件:① 与自身观察值相似的邻域节点个数减去与自身观察值不相似的邻域节点个数所得差值大于或等于邻域节点数的一半;② 邻域节点中初步诊断状态为可能正常(LG)的节点个数减去可能故障(LT)的节点个数大于或等于邻域节点数的一半。当网络故障率较低时,DFD 算法具有较高的故障检出率。但由于节点被判定为正常状态的条件较为苛刻。当网络故障率上升,误判率也将随之明显升高。针对这一问题,蒋鹏[3]对 DFD 算法提出改进方案,将正常节点判定条件 2 更改为:邻域节点中的初步诊断状态为可能正常(LG)的节点个数大于或等于可能故障(LT)的节点个数。通过对正常节点判定条件的松绑,使算法在维持较高故障检出率的同时,误判率下降明显。

2. 基于中值策略的检测算法

基于中值策略的检测算法将邻域节点测量值的中间值作为故障检测的依据,从而尽可能降低故障邻域节点对故障检测精度的影响。典型算法包括:LEBDF 算法[4]、双邻域中值算法[5]与 WMFDS 算法[6]等。在 LEBDF 算法中,首先计算待测节点与邻域节点的中值点,随后与选定区域内的其他节点中值点构成中值集合。若待测节点中值点为集合内的极值点,则认定该节点为故障节点。该算法由于不需要对邻域节点进行频繁的信息交换,能耗较低。但网络故障率的升高将导致检测精度的急剧下降。双邻域中值算法可以被视为 LEBDF 算法的延伸,其基本思想是通过邻域的延伸,使算法即使在拥有较少邻域节点数的情形下,依旧能够维持较好的检测精度,但也将伴随产生额外的能量消耗。在 LEBDF 算法与双邻域中值算法中,待测节点与邻域中值均是通过判断差值是否小于固定阈值判定彼此相似度,因而阈值的选取对算法性能具有重要影响。基于该考虑,高建良[6]等提出一种加权中值算法 WMFDS。在该算法中,将待测节点与邻域中值的差值变更为该差值占邻居中间值的比例,实现阈值的无量纲化处理,达到进一步改善算法性能的目的。

3. 基于分簇的检测算法

基于分簇的故障检测算法针对无线传感器网络分簇结构,将复杂的故障检测任务分配至不同簇单元,簇内节点通过协作完成故障检测。刘凯[7]等提出一种与 DFD 算法类似的 LEACH-DFD 故障检测算法。该算法首先基于 LEACH 分簇协议完成簇单元划分与簇头选举,随后通过簇内信息交换,判断簇头节点是否与多数簇内成员节点状态相似。若相似度高,则判定该簇头节点为正常节点,并将簇头状态扩散至簇内其他成员节点作为故障检测依据。LEACH-DFD 算法的故障检出率较高,但对网络故障率的变化依旧较为敏感。吴中博[8]等为进一步提升故障检测精度,提出 ODAC 算法。该算法在簇头节点端通过余弦相关性判定检测所在簇单元是否有故障发生,因簇头节点可实时掌握簇内节点状态,算法路由开销较低。但当簇单元规模较大时,簇头节点故障检测任务繁重,难以对故障行为做出快速响应。

6.2　故障分类

工业无线传感器网络所涉及的故障类型复杂多样,从不同角度切入,可以得到不同的故障分类结果,并进而对后续故障检测算法与诊断算法的设计产生影响。因此,本节首先给出工业无线传感器网络故障分类介绍。

马闯[9]等依照故障发生原因,将故障类型划分为:能量故障、通信故障、节点硬件故障与节点软件故障。能量故障是指因节点能量不足而导致节点不能正常工作。通信故障是指网络在无线通信过程中所发生的故障,通常表现为链路不稳定、信道拥堵等。节点硬件故障是指节点硬件无法正常工作所引发的故障。节点软件故障是指包含通信协议、操作系统与数据处理在内的软件支撑环节无法正常工作所引发的故障。

在要求故障节点仍具有数据读入与发送功能的条件下,Ramanathan[10]等将网络故障划分为:离群点故障、偏移故障、固定值故障与高噪声故障。

(1)离群点故障:节点在某一时刻或某几个离散时刻读数偏离正常值,而在其他时刻,节点读数仍然正常。

(2)偏移故障:节点读数偏离正常值,但读数自身仍可对周边环境变化做出响应。

(3)固定值故障:节点读数长时间维持不变,不受周边环境变化的影响。

(4)高噪声故障:节点读数受噪声影响明显,通常具备一定的随机性特征,受周边环境变化的影响较为微弱。

考虑到不同情形下传感器节点软硬件与所处环境等均可能存在明显差异,从故障原因等角度对工业无线传感器网络故障进行建模或仿真难度较大。而Ramanathan 所提的故障分类方法通过对节点因故障发生所引起读数变化的刻画,描述故障特征,建模过程较为简单且对故障类型具有良好的概括性,因而在多数工业无线传感器网络故障检测研究中,均将该分类方法作为模拟故障发生的有效依据。在本章研究中,同样采用了类似的思想。但需要注意的是,Ramanathan所提的方法仍存在一定局限性。以高噪声故障为例,当节点能量不足或受外界干扰时均可能导致高噪声故障的发生,从而使得网络维护者无法仅仅根据所发生故障类型为高噪声故障,就有针对性地制定故障修复策略。因此,在工业无线传感器网络故障诊断的相关研究中,为确保能够为网络维护者制定合理的故障修复策略提供有效的数据支持,应尽可能提供与故障起因相关的信息。所以,通常采用类似于马闯所提出的故障分类方法。

6.3 基于趋势相关性的故障检测算法

工业现场设备布设通常较为密集,用于监控设备运行状况的传感器节点密度较一般应用场景更为集中。因此,在工业无线传感器网络故障检测的相关研究中,通常认为传感器节点具有特定感知覆盖范围,在该范围内所感知的物理量具有较高的相似度。这种相似度伴随覆盖范围的扩大而逐步降低。因而,对于相邻或相近的传感器节点,也应具有相近或相同的感知数值。在此基础上,当前许多故障检测算法如 DFD[2] 等均将邻域节点相同时刻下的感知数据是否相似作为检测依据。若邻域节点同一时刻的感知数据差值 $|\Delta x| \leqslant \theta_t$,则认为两节点相似,$\theta_t$ 为相似度阈值。若待测节点与周边多数邻域节点相似,则认为该节点为正常节点。但此类算法仅将邻域节点间的瞬时值差异作为故障检测依据,使得检测结果对故障检测触发时刻十分敏感。举例说明:如图 6-1 所示,在开放空间中心位置布设火源,并在其周围布设 4 个传感器节点(1,2,3,4)。节点 1、2、3 均可正常工作,节点 4 传感单元发生故障,对温度变化不做响应。图 6-2 所示为各传感器节点在同时间段内所采集的温度数据。温度传感器采用 DS18B20 数字式传感器。

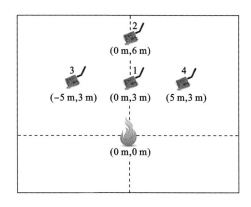

图 6-1　传感器节点与火源布局示意图

如图 6-2 所示,设定故障检测算法在 $t=500\ \mathrm{s}$ 时启动。不难发现,若相似度阈值 θ_t 设为 3,对于节点 1 而言,因与邻域节点 2、3、4 感知数据差值 $|\Delta x|$ 均超出

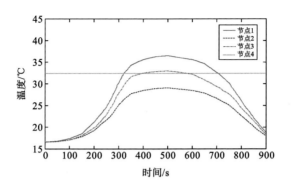

图 6-2 传感器节点感温变化示意图

θ_t,有极大可能被误判为故障节点。若 θ_t 设为 6,对于节点 4 而言,因与邻域节点 1、2、3 感知数据差值 $|\Delta x|$ 均小于 θ_t,所发生固定值的故障有很大可能不被检出。因此,在该情形下不论 θ_t 如何取值都难以满足故障检测要求。但通过观察,不难发现,正常节点受热源影响均明显呈现出先上升后下降这一相似趋势,而故障节点并不具备这一特征。显然,对于邻域节点而言,尽管瞬时值存在差异,但对周边环境变化均能做出相似的趋势变化响应。我们将该特征定义为趋势相关性。借助趋势相关性,我们能够有效地将正常节点与故障节点进行区分,而且由于邻域节点间的趋势是否相似由连续时间片段内的历史数据共同决定,并不依赖于单一时刻下的瞬时值比较,因而所得检测结果不受故障检测触发时刻影响。

6.3.1 趋势相关性

为度量邻域节点间的趋势相关性程度,本节给出趋势相关性定义。

定义 6-1 设节点 i 在时刻 t 获得感知数据为 $x_i(t)$,则在滑动时间窗口 $[t-m,t]$ 内,可得节点 i 的 $m+1$ 维感知数据序列 $X_i(t)=[x_i(t-m),x_i(t-m+1),\cdots,x_i(t)]$。

定义 6-2 已知节点 i 在时刻 t 获得 $m+1$ 维感知数据序列 $X_i(t)$,可得 $X_i(t)$ 对应方差 $\mathrm{var}(i)$ 为

$$\mathrm{var}(i)=\frac{\sum\limits_{k=1}^{m+1}\left[x_i(t-k+1)-\overline{X_i}(t)\right]^2}{m} \tag{6-1}$$

式中:$\overline{X_i}(t)=\sum\limits_{k=1}^{m+1}x_i(t-k+1)/(m+1)$ 为 $X_i(t)$ 的均值。

定义 6-3 已知节点 i,j 在时刻 t 获得 $m+1$ 维感知数据序列分别为 $X_i(t)$ 与 $X_j(t)$，则可得节点 i,j 感知数据序列协方差 $\mathrm{cov}(i,j)$ 为

$$\mathrm{cov}(i,j) = \frac{\sum_{k=1}^{m+1} [x_i(t-k+1) - \overline{X_i}(t)][x_j(t-k+1) - \overline{X_j}(t)]}{m} \qquad (6\text{-}2)$$

在以上定义基础上，借鉴 Pearson 相关性概念[11]，给出节点 i 与 j 在时刻 t 的趋势相关性系数 $\chi_{i,j}(t)$ 的定义：

$$\begin{aligned}
\chi_{i,j}(t) &= \frac{\mathrm{cov}(i,j)}{\sqrt{\mathrm{var}(i)\mathrm{var}(j)}} \\
&= \frac{\sum_{k=1}^{m+1} [x_i(t-k+1) - \overline{X_i}(t)][x_j(t-k+1) - \overline{X_j}(t)]}{\sqrt{\sum_{k=1}^{m+1} [x_i(t-k+1) - \overline{X_i}(t)]^2 \sum_{k=1}^{m+1} [x_j(t-k+1) - \overline{X_j}(t)]^2}}
\end{aligned} \qquad (6\text{-}3)$$

趋势相关性系数 $\chi_{i,j}(t)$ 的取值区间为 $[-1,1]$，$\chi_{i,j}(t)$ 越大表明序列 $X_i(t)$ 与 $X_j(t)$ 相关性程度越高。举例说明，若邻域节点 i,j 在时刻 t 所获感知数据序列 $X_i(t)$ 与 $X_j(t)$ 分别为 $[1,1.1,1.2,1.1]$ 与 $[1.2,1.3,1.4,1.3]$，此时两节点趋势完全一致，仅因位置不同，存在细微感知数值差异。由式(6-3)计算可得，节点 i 与 j 在时刻 t 的趋势相关性系数 $\chi_{i,j}(t)=1$，节点间的趋势相关性程度得到正确反映。

6.3.2 邻域中值

工业无线传感器网络故障类型按照读数特征可分为：固定值故障、高噪声故障、偏移故障与离群点故障[10]。对于固定值故障与高噪声故障类型，因连续时间片段内的数据趋势已被破坏，借助趋势相关性能够较好地识别故障特征。但对于偏移故障与离群点故障，因节点感知数值仍能对周边环境变化做出响应，若仅将趋势相关性作为故障检测依据，则此类故障有较大概率不被检出。为避免该问题，引入邻域中值作为二次判定依据，以确保所提 FDTS 算法针对工业场景中四种常见故障类型均具有较好的检测精度。本节首先给出邻域中值的定义。

已知节点 i 的邻域节点集合为 $\Omega(i)=\{j,\cdots,h\}$，可得节点 i 在时刻 t 所获邻域节点感知数据集合为 $\{x_j(t),\cdots,x_h(t)\}$。对该集合按照测量值大小降序排列，并设 y_k 为新集合中第 k 个元素，则节点 i 的邻域中值 $\mathrm{med}_i(t)$ 为

$$\text{med}_i(t)=\begin{cases} y_{(n+1)/2}, & n\text{ 为奇数} \\ \dfrac{y_{n/2}+y_{(n+2)/2}}{2}, & n\text{ 为偶数} \end{cases} \tag{6-4}$$

式中:n 为节点 i 所拥有的邻域节点数量。尽管邻域中值与均值均可用来表示邻域中心,但在故障检测过程中,若邻域集合内存在少数故障节点,那么集合内与之对应的少数样本也将产生明显偏差,从而导致邻域均值与预期正常值产生一定程度的偏离。但对于邻域中值,仅需满足邻域集合内正常节点到达半数这一简单条件,即可保证邻域中心不发生偏移。

6.3.3 故障检测算法流程

在给出上述定义的基础上,本章基于工业无线传感器网络在数据采集过程中所表现出的趋势相关性特征,提出一种分布式故障检测算法 FDTS,以消除故障检测触发时刻对检测精度的影响。FDTS 算法的核心思想是:若待测节点与大部分邻域节点趋势一致,且与邻域中心接近,则认为该节点为正常节点,否则被判定为故障节点。算法具体检测步骤如下。

步骤 1:对于节点 i,若内部故障检测机制被触发,向周边邻域节点发送指定请求。已知节点 i 的邻域节点集合为 $O(i)$,则 $O(i)$ 内任意邻域节点 j 在指令接收完成后,将封装有 $X_j(t)$ 的时序数据回传。节点 i 根据式(6-3)依次计算自身与邻域节点的趋势相关性系数 $\chi_{i,j}(t)$,并开启全新计数器 P_i,初始计数值为 0。

若 $\chi_{i,j}(t)>\theta$,则计数器 P_i 加 1。

若 $\chi_{i,j}(t)\leqslant\theta$,则计数器 P_i 不变。

式中:θ 为趋势相关性阈值。当 $\chi_{i,j}(t)>\theta$ 时,认定节点 i 与 j 趋势相似。反之,则认定节点 i 与 j 的趋势差异明显。依照该步骤,完成所有邻域节点遍历操作后,则 P_i 即为邻域节点与节点 i 趋势相似的个数。

步骤 2:节点 i 根据式(6-4)计算邻域中值 $\text{med}_i(t)$。

步骤 3:若 $P_i\geqslant n/2$ 且 $\left|\dfrac{x_i(t)-\text{med}_i(t)}{x_{\max}-x_{\min}}\right|\leqslant\delta$,则节点 i 的初步诊断状态 T_i 为可能正常(LG),否则 T_i 为可能故障(LT)。其中:n 为节点 i 的邻域节点数量;δ 为中心一致性阈值,$x_{\max}$ 与 $x_{\min}$ 分别为指定周期内感知数据的最大值与最小值。依照该步骤,若节点 i 与邻居集合 $\Omega(i)$ 内多于半数节点趋势相似且与邻域中值接近,即可判定节点 i 为可能正常节点。但仍存在极端情况,即邻域节点数量较少时,若邻居集合 $\Omega(i)$ 内的多数节点为故障节点,则可能将实际状态为

正常的节点 i 误判为故障节点。因此,需要通过邻居扩散方式,对节点 i 的最终状态做进一步确认。

步骤 4:对节点 i 邻居集合 $\Omega(i)$ 内所有节点均执行步骤 1 至步骤 3。$\Omega(i)$ 内任意节点 j 均可获得初步诊断状态 T_j,并将该状态返回节点 i,则节点 i 可获得可能正常邻域节点数量 G_{lg} 与可能故障邻域节点数量 G_{lt}。

若 $G_{\mathrm{lg}} \geqslant G_{\mathrm{lt}}$,对节点 i 初步诊断状态 T_i 进行确认操作。如果 $T_i = \mathrm{LG}$,则节点 i 确认为正常状态(GD);反之,则确认为故障状态(FT)。

若 $G_{\mathrm{lg}} < G_{\mathrm{lt}}$,对节点 i 初步诊断状态 T_i 进行置反操作。如果 $T_i = \mathrm{LG}$,则节点 i 确认为 FT;反之,则为 GD。

步骤 5:若节点 i 被确认为 FT,发送报文至 Sink 节点,以便后续采取故障恢复措施。

具体算法流程见图 6-3。

6.3.4 故障检测触发机制

以往工业无线传感器网络故障检测算法多通过在传感器节点内部设置定时器,利用定时唤醒方式触发故障检测过程。但在实际工业应用过程中,该机制仍具有明显的局限性。若定时器所设定的检测时间间隔 T_d 过短,则网络内的故障检测机制将频繁启动,进而加剧网络通信负载,并产生大量额外的能量消耗。反之,若检测时间间隔 T_d 设定过长,将导致网络应对节点故障行为的响应速度下降。因此,在本章所提的 FDTS 算法中,为避免上述局限,通过引入指数平滑预测方法,利用事件触发方式,实现故障检测自启动。

指数平滑法作为一种轻量级的数据预测方法,与时间序列自回归方法、灰度理论、人工神经网络模型相比,具有运算效率高与操作简单等优势。特别是对于计算资源相对有限的传感器节点而言,在多数工业场景中,自身处理器难以在短时间内执行大量复杂运算,而指数平滑法能够在占用少量计算资源的前提下,实现数据的快速准确预测。指数平滑法的基本思想是利用数据时序相关性特征,通过对历史观察值进行加权运算得到预测值。按照不同的平滑次数进行划分,指数平滑法可进一步细分为:一次指数加权、二次指数加权与三次指数加权[12]。其中,高次指数加权均是在低次指数加权的基础上,重复一次平滑指数加权操作获得的。一次与二次指数平滑法均只适用于线性时间序列值的预测,而三次指数平滑法则可适用于当时间序列值呈现出明显非线性特征时的情形。对于传感器节点而言,尽管在固定时间窗口内,节点感知数据变化往往并不明显,但考虑到故障信息与噪声干扰的存在,使得所采集的时序数据通常呈

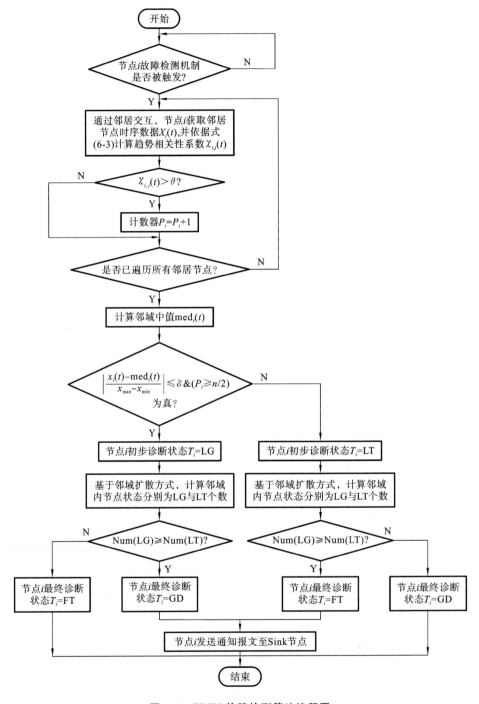

图 6-3　FDTS 故障检测算法流程图

现出一定的非线性特征。因此,本节选用三次指数平滑法对传感器节点下一时刻的感知数据进行预测。

已知节点 i 在时间窗口 $[t-m,t]$ 内获得感知数据序列 $X_i(t)$,则三次指数平滑预测模型如下:

$$x_i^*(t+T)=a+bT+cT^2 \tag{6-5}$$

式中:$x_i^*(t+T)$ 为节点 i 在未来时刻 $t+T$ 时感知数据预测值。a,b,c 为平滑系数,计算方式分别为

$$\begin{cases} a=3S_t^{(1)}-3S_t^{(2)}+S_t^{(3)} \\ b=\dfrac{\alpha}{2(1-\alpha)^2}\big[(6-5\alpha)S_t^{(1)}-2(5-4\alpha)S_t^{(2)}+(4-3\alpha)S_t^{(3)}\big] \\ c=\dfrac{\alpha^2}{2(1-\alpha)^2}(S_t^{(1)}-2S_t^{(2)}+S_t^{(3)}) \end{cases} \tag{6-6}$$

式中:$S_t^{(1)}$、$S_t^{(2)}$ 与 $S_t^{(3)}$ 分别为一次、二次与三次指数平滑值,计算方式见式(6-7)。

$$\begin{cases} S_t^{(1)}=\alpha x_i(t)+(1-\alpha)S_{t-1}^{(1)} \\ S_t^{(2)}=\alpha S_t^{(1)}+(1-\alpha)S_{t-1}^{(2)} \\ S_t^{(3)}=\alpha S_t^{(2)}+(1-\alpha)S_{t-1}^{(3)} \end{cases} \tag{6-7}$$

三次指数平滑法预测精度的关键在于平滑系数 α 的选取。α 愈大,则预测数据 $x_i^*(t+T)$ 受近期数据变动的影响越大;反之,则受近期数据变动的影响越小。在实际应用中,α 的取值可依据时间序列的变化特征进行选取。若时序变化波动较为平稳,则 α 取值应维持在较小范围。若时序变化波动剧烈,则 α 应取值较大。考虑通常情况下传感器节点前后的历史数据关联特征明显,本章将 α 设为 0.45。应用三次指数平滑法进行数据预测前,应首先给出平滑初始值 $S_0^{(1)}$、$S_0^{(2)}$ 与 $S_0^{(3)}$。经反复测算,选取感知数据序列 $X_i(t)$ 前 3 个数据的平均值作为平滑初始值,即

$$S_0^{(1)}=S_0^{(2)}=S_0^{(3)}=\frac{\sum_{k=1}^{3}x_i(t-m+k-1)}{3} \tag{6-8}$$

依照以上步骤,节点 i 可获取 $t+1$ 时刻的预测值 $x_i^*(t+1)$ 与实际采样值 $x_i(t+1)$。若 $\left|\dfrac{x_i^*(t+1)-x_i(t+1)}{x_{\max}-x_{\min}}\right| \leqslant \eta_t$,则认定实际采样值 $x_i(t+1)$ 符合预期,不需触发故障检测过程。其中,η_t 为触发阈值;反之,则认定实际采样值 $x_i(t+1)$ 超出预期,触发故障检测过程。借助以上触发机制,能够保证传感器节

点在每个采样周期内均可完成故障预检测,从而确保节点能够在第一时间对故障行为做出有效响应。

6.3.5 分簇故障检测算法改进

由本章所提的 FDTS 算法故障检测流程,不难发现,节点需要通过邻域信息比对完成故障检测。在工业场景中,无线传感器网络多为典型分簇结构。在分簇结构中,簇头节点不仅掌握所在簇单元的全部簇内连接,还拥有部分簇间连接,因而具有丰富的局域信息可供使用。若簇头节点故障检测机制被触发,采用图 6-3 所示的故障检测流程即可完成故障检测。但对于簇内成员节点而言,因其仅与所属簇头节点直接相连,邻域信息极为有限,依靠现有 FDTS 算法难以执行故障检测任务。因此,在本节通过对 FDTS 算法进行补充,使其能够满足簇内成员节点故障检测的需要。具体检测流程如下。

步骤 1:对于簇内成员节点 j,若内部故障检测机制被触发,发送包含个体时序数据 $X_j(t)$ 的故障检测请求至所属簇头节点 i。

步骤 2:簇头节点 i 接收来自簇内成员节点 j 的故障请求后,向除节点 j 外的邻域节点发送指定请求。邻域节点接收请求后,将个体时序数据回传。簇头节点 i 根据式(6-3)计算 $X_j(t)$ 与自身及其邻域节点的趋势相关性系数 $\chi_{j,k}(t)$,并分别与趋势相关性阈值 θ 进行比较,统计 $\chi_{j,k}(t)$ 大于阈值 θ 的个数 P_j。

步骤 3:簇头节点 i 依据式(6-4)计算邻域中值 $\mathrm{med}_i(t)$。

步骤 4:若 $P_j \geqslant n/2$ 且 $\left| \dfrac{x_j(t) - \mathrm{med}_i(t)}{x_{\max} - x_{\min}} \right| \leqslant \delta$,则簇内成员节点 j 被认定为正常节点。否则,被认定为故障节点。

由上述诊断过程,不难发现,针对簇内成员节点的故障检测算法其实质是将故障检测任务迁移至所属簇头节点。即使对于规模较小的簇单元而言,利用簇头节点所拥有的簇间连接仍可为簇内成员节点的故障检测提供良好的邻域信息支持,从而帮助其完成故障检测。

6.4 仿真结果与分析

6.4.1 仿真实验设置

仿真所采用的网络拓扑由第 2 章所提分簇无标度演化模型在 $100\ \mathrm{m} \times 100$ m 区域内生成,网络节点规模为 100,新增连接数 $m=4$。实验所用前期数据为

SmartLab 系统在 2015 年 6 月 15 日至 6 月 17 日的温度采集数据。SmartLab 系统部署于武汉理工大学物流工程学院工业物联网与物流技术工程中心,通过布设无线传感器网络,能够实时采集工程中心建筑物室内外温湿度等环境信息。仿真实验中的每个节点均对应于 SmartLab 系统内的真实传感器节点。设定传感器节点的采样周期为 30 s。感知数据序列时间窗口大小设置为 10。根据所获温度数据最大值与最小值,将 $x_{\max}$ 与 $x_{\min}$ 分别设为 38 与 14。对所获温度数据,分别执行替换操作,用于模拟四种工业场景中的常见故障类型(离群点故障、偏移故障、固定值故障与高噪声故障)。具体故障模拟方式如表 6-1 所示。

表 6-1　故障模拟方式

故障类型	故障模拟方式
离群点故障	随机抽取 10% 的离散数据样本分别替换为区间 [0,40] 内的随机数
偏移故障	随机抽取 50～200 个连续数据样本分别叠加区间 [0,10] 内的随机数
固定值故障	采集数据固定为故障触发前一时刻所采集真实数值
高噪声故障	随机抽取 50～200 个连续数据样本分别叠加区间 [10,20] 内的随机数

为验证故障检测算法性能,选取故障检出率与故障误检率作为算法性能评价指标。故障检出率是指被正确检测出的故障节点个数占故障节点总数的比例,故障误检率是指被误判为故障节点的正常节点占全部正常节点的比例。

6.4.2　仿真实验结果

1. 关键参数影响

本实验针对算法中的关键参数对故障检测性能的影响展开测试。针对每组参数设置,共进行 20 次故障性能测试,四种故障类型在测试环节中所占的比例一致。

如图 6-4 所示,θ 作为判断两节点间趋势是否相似的阈值,其取值对 FDTS 算法检测精度具有重要影响。当 θ 取值较小时,故障检出率较低。与此同时,误检率也处于相对较低水平。伴随 θ 的增大,故障检出率与误检率均呈现逐步上升的趋势。不难理解,当 θ 较小时,判定两节点趋势相似的条件较为宽松。因此,故障节点有较大概率因趋势被判定为相似而不被检出,而正常节点因所处位置不同所引起的趋势差异被误判为趋势不相似的概率也随之降低,进而使得检出率与误检率均处于较低水平。当 θ 取值增大,节点间对于趋势相关性判定的敏感程度逐步上升,故障节点被判定为与正常节点趋势相似的可能性也随之下降,促使故障检出率上升。而正常节点间所存在的趋势差异被容忍的概率也随之下降,使得误检率也随之上升。显然,故障检出率的上升是以误检率的增加作为代价的。平衡考虑算法的综合性能,此处取 $\theta=0.7$。

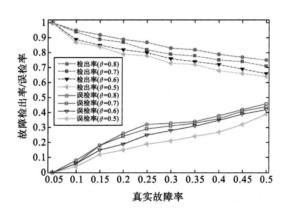

图 6-4　趋势相关性阈值 θ 与算法检测性能关系 ($\delta=0.15$)

如图 6-5 所示,δ 作为中心一致性阈值,其取值对 FDTS 算法的检测精度具有重要影响。当 δ 取值较小时,故障检出率与误检率均处于较高水平。伴随 δ 取值的增大,故障检出率与误检率逐步下降。这是由于 δ 取值越小,待测节点 i 满足邻域中值判定条件的可能性越低。若待测节点 i 为正常节点,则被误判为故障节点的可能也随之增大。反之,若待测节点 i 为故障节点,被检出的概率也将随之升高。平衡考虑算法综合性能,此处取 $\delta=0.15$。

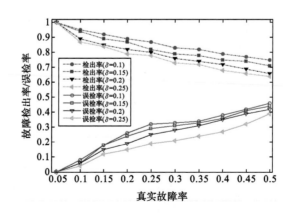

图 6-5　中心一致性阈值 δ 与算法检测性能关系 ($\theta=0.7$)

图 6-6 为不同 η_t 取值条件下故障检出率与故障检测触发次数变化示意图。η_t 作为故障检测触发阈值,伴随 η_t 取值不断增大,故障检出率与检测触发次数明显下降,但斜率逐渐趋缓。不难理解,对于网络内的任意节点,当实际感知数据与预测值存在较小偏差时,η_t 值越小,触发故障检测机制的可能性越高,从而降低了因故障节点未进入检测流程而被遗漏的概率。但故障检出率的上升是以检测次数的增加作为代价的。检测次数过于频繁将加重网络因故障检测而增加的额外能量消耗。因此,折中考虑检测性能与网络能耗负载,此处取 $\eta_t=0.2$。

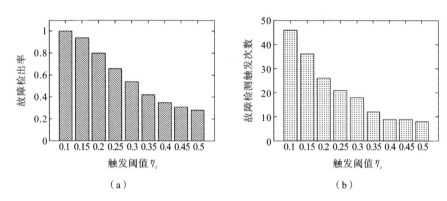

图 6-6　不同 η_t 取值条件下的故障检测性能参数变化

(a) 故障检出率;(b) 故障检测触发次数

2. 检测精度对比实验

在对比实验环节,分别选取 LEACH-DFD[7] 与 ODAC[8] 作为对比算法,对比算法参数设置见表 6-2。

表 6-2　对比算法参数设置

对 比 算 法	参　　　数	数　　　值
LEACH-DFD	相似度阈值 θ_t	3
ODAC	一致性阈值 e	0.6

图 6-7 所示为当网络中仅有离群点故障发生时不同检测算法的性能表现。三种检测算法对于离群点故障均具有较高的故障检出率。但伴随网络中真实故障节点比例的升高,ODAC 算法的误检率显著升高。与之相比,FDTS 算法与 LEACH-DFD 算法的误检率上升幅度并不明显。这是由于在这两种算法中为避免因邻域节点故障比例过高所造成的误判断,对邻域节点进行可能的状态

估计,若邻域节点中的可能故障节点(LT)高于半数,则对原有检测结果进行校正,从而降低误判可能。

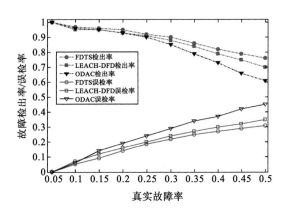

图 6-7　离群点故障检出率与误检率

图 6-8 为仅有偏移故障发生时各算法检测性能差异。与离群点故障相比,三种算法针对偏移故障的检测精度均有一定程度下滑。这是因为在偏移故障中,连续时间片段内的数据趋势被破坏程度并不明显,且邻域节点感知数值差异较小,使得故障检测难度相对较高。尽管如此,但由于引入了邻域中值作为故障判定条件,使得 FDTS 算法针对偏移故障的检测性能仍优于其他两种算法。

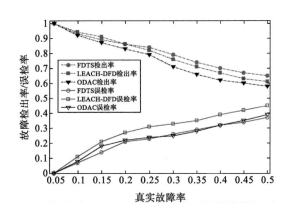

图 6-8　偏移故障检出率与误检率

图 6-9 为仅有固定值故障发生时不同检测算法的性能表现。当节点真实故

障率为 25％时,FDTS 算法故障检出率为 92％,略优于其他两种算法。当真实
故障率上升至 50％,FDTS 算法的性能优势更为突显,此时故障检出率为 75％,
与之相比,LEACH-DFD 算法与 ODAC 算法的故障检出率分别为 64％与
62％。尽管伴随节点真实故障率的上升,三种算法误检率都有明显升高。但相
比之下,FDTS 算法的上升幅度明显低于其他两种算法,表现出较好的综合检
测性能。

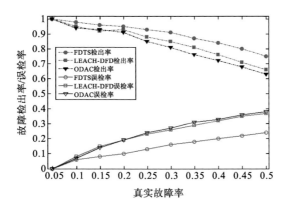

图 6-9　固定值故障检出率与误检率

图 6-10 为仅有高噪声故障发生时不同检测算法的性能表现。与固定值故
障类似,FDTS 算法的检测精度仍明显优于其他两种算法。即使网络中的节点
真实故障比例达到 50％,FDTS 算法的检测精度仍高于 70％,而误检率低
于 25％。

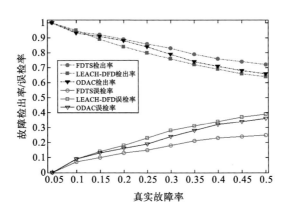

图 6-10　高噪声故障检出率与误检率

不难发现,对于离群点故障与偏移故障,三种检测算法的总体性能差异并不明显。这是由于离群点故障与偏移故障并不会改变传感器节点读数输入的大致趋势,仅能通过与邻域节点的瞬时值比对完成故障检测。而对于固定值故障与高噪声故障,连续时间片段内的数据趋势已被破坏,借助 FDTS 算法内的趋势相关性的判断,能够在原有瞬时值比对的基础上,进一步提升故障检测精度。

3. 故障响应时间

本实验针对引入故障检测触发机制前后 FDTS 算法的故障响应时间变化展开测试。故障响应时间为故障发生到被成功检测的时间间隔。在未引入故障检测触发机制前,节点仍采用传统定时触发方式启动故障检测流程。综合考虑故障检测频率对算法检测性能的影响,将定时触发时间窗口长度设为 15 分钟。

如图 6-11 所示,引入故障检测触发机制能够明显缩短 FDTS 算法故障响应时间。其中,针对离群点故障与高噪声故障,故障响应时间小于 2 分钟。不难理解,这两种故障类型将导致下一时刻实际值与预期值产生严重偏差,因而故障检测机制易被触发。对于偏移故障与固定值故障,因实际值与预期值差异相对较小,使得故障检测机制被触发的难度上升,导致故障响应时间延长。

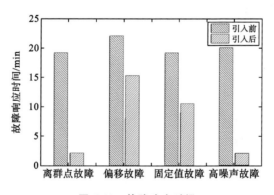

图 6-11 故障响应时间

6.5   本章小结

本章通过分析工业无线传感器网络在数据采集过程中所表现出的趋势相关性,提出了一种基于趋势相关性的分布式故障检测算法 FDTS。该算法通过比较待测节点与邻域节点趋势差异和邻域中值差异得到检测结果。所提算法面对工业场景中的四种常见故障类型(离群点故障、偏移故障、固定值故障与高噪声故障)均具有较好的检测精度。当真实故障节点比例较高时,算法性能下滑并不明显,检测性能优于 LEACH-DFD 与 ODAC 算法。

本章参考文献

[1] Lee M H,Choi Y H. Fault detection of wireless sensor networks[J]. Computer Communications,2008,31(14):3469-3475.

[2] Chen J,Kher S,Somani A. Distributed fault detection of wireless sensor networks[C]// Proceedings of the 2006 ACM Workshop on Dependability Issues in Wireless Ad Hoc Networks and Sensor Networks,2006:65-72.

[3] 蒋鹏. 一种改进的 DFD 无线传感器网络节点故障诊断算法研究[J]. 传感技术学报,2008,21(8):1417-1421.

[4] Ding M,Chen D,Xing K,et al. Localized fault-tolerant event boundary detection in sensor networks[C]// Proceedings of the 24th Annual Joint Conference of the IEEE Computer and Communications Societies,2005(2):902-913.

[5] 李平,李宏,吴敏. WSNs 分布式事件区域容错算法[J]. 计算机工程,2009,35(14):142-144.

[6] 高建良,徐勇军,李晓维. 基于加权中值的分布式传感器网络故障检测[J]. 软件学报,2007,18(5):1208-1217.

[7] 刘凯,彭力. 分簇式无线传感器网络节点故障诊断算法研究[J]. 传感器与微系统,2011,30(4):37-40.

[8] 吴中博,王敏,吴钊,等. 基于分簇的传感器网络异常检测算法[J]. 华中科技大学学报(自然科学版),2013,41(S2):251-254.

[9] 马闯,刘宏伟,左德承,等. 无线传感器网络的层次化故障模型[J]. 清华大学学报(自然科学版),2011,51(S1):1418-1423.

[10] Ramanathan N,Kohler E,Estrin D. Towards a debugging system for sensor networks[J]. International Journal of Network Management,2005,15(4):223-234.

[11] 茆诗松,程依明,濮晓龙. 概率论与数理统计教程[M]. 北京:高等教育出版社,2004.

[12] 齐驰,侯忠生. 自适应单指数平滑法在短期交通流预测中的应用[J]. 控制理论与应用,2012,29(4):465-469.

第 7 章
网络故障诊断

第 6 章所述的 FDTS 故障检测算法通过邻居协作方式完成故障检测任务，具有较高的故障检出率与较低的误检率。但对于网络维护者而言，借助 FDTS 算法仅能对故障发生时间与所在网络位置有准确了解，针对故障产生原因所获信息仍旧十分有限，难以为下一步制定合理的故障修复策略提供有效的数据支持。因此，需要故障诊断算法对故障类型做进一步辨识。但由于工业无线传感器网络故障特征复杂多样，使得故障诊断过程需要借助完备的故障特征知识库与良好的诊断算法才能实现。而普通传感器节点受缓存与计算能力限制，难以承担复杂的故障诊断任务。基于该考虑，本章提出了一种基于人工免疫理论的集中式故障诊断算法。该算法一方面借助 Sink 节点端存储空间充裕且计算能力相对强大等特点，完成用于存储故障特征知识的抗体库搭建，另一方面利用传感数据在 Sink 节点端汇聚的这一特性，在不增加额外网络资源消耗的条件下完成故障诊断。除此之外，算法采用轻量化设计，在确保具有较高诊断精度的同时，诊断耗时相对较短，能够有效满足工业场景对低延时服务的要求。

7.1 研究现状

与故障检测相比，无线传感器网络故障诊断研究相对较少，目前仍处于起步阶段。由于故障诊断需要完备的故障特征知识库，以便对不同故障类型做出有效识别，以往分布式协作方法难以支撑如此复杂的任务。因而，当前相关研究多通过在 Sink 节点/基站端部署机器学习算法，基于"学习-推理-匹配"过程完成故障诊断。当前的算法主要包括：支持向量机诊断算法[1~5]、人工神经网络诊断算法[6~8]与模糊逻辑诊断算法[9~11]等。

1. 支持向量机诊断算法

支持向量机(SVM)广泛应用于数据挖掘、模式识别、分类与回归分析等领域。支持向量机将训练样本实例映射到一个超高维的空间，并在该空间内建立多个平面,完成对样本实例的分割,属于同一空间内的实例即为同一分类。不同空间距离差值的大小反映了不同类别之间的差异。在故障诊断中,一般首先通过初次 SVM 训练完成故障特征知识库搭建。随后,通过第二次 SVM 训练完成待测数据分类,并根据所属空间位置确定故障类型。尽管支持向量机通过将低维向量映射至高维空间,使算法在初始样本集不足等情形下仍具有良好的故障检测精度。但算法复杂度较高,导致 SVM 训练时间随样本数增多而急剧增加,对于实时性要求较高的工业无线传感器网络而言,仍具有一定的局限性。

2. 人工神经网络诊断算法

人工神经网络通过模拟人类神经元网络,利用由众多相互连接且具有简单功能结构的神经元细胞通过协作完成复杂问题求解,具有大规模并行处理、分布式信息存储与良好的自组织学习能力等特点。通常基于人工神经网络的故障诊断过程分为两步:① 输入一定数量训练样本,得到期望诊断网络;② 输入待测样本,利用神经网络前向计算过程完成"征兆-故障"匹配。与 SVM 相比,算法复杂度较低,且流程相对简单,但初期输入神经前向网络的训练样本数量的多少对最终诊断性能具有决定性影响。

3. 模糊逻辑诊断算法

模糊逻辑是一种模拟人类自然逻辑对事物认知过程的专家系统。由于在逻辑过程中引入"模糊边界"概念,对于难以准确描述的问题有着较好的求解能力。利用模糊逻辑求解网络故障诊断问题通常划分为三个步骤:① 建立故障征兆与故障类型之间的因果关系矩阵;② 建立征兆与故障类型之间的模糊关系方程;③ 基于逻辑运算,计算待测样本与各个故障类型之间的隶属度,选取隶属度最高的类型作为诊断结果。模糊逻辑诊断算法的使用不需要过多有关故障特征描述的先验知识,因而适用范围较广,但自身学习能力较弱,难以应对故障多样性挑战。

7.2　基于人工免疫理论的故障诊断相关概念

人工免疫理论就是通过对生物免疫系统的模拟,利用生物免疫系统自身所具备良好的学习、记忆与进化功能求解实际问题[12]。当前人工免疫理论主要应用领域包括:优化问题求解[13]、入侵检测[14]与故障识别[15]等。当前经典人工免疫理论模型包括:危险免疫模型[16]、克隆选择模型[17]、人工疫苗模型[18]等,其中由 Matzinger[16]所提出的危险免疫理论影响最为广泛。他认为免疫系统是根据危险信号的敏感程度触发相应保护机制。而在此过程中,免疫系统仅对有害抗原进行免疫应答。与传统免疫理论通过自我/非我判断对危险源进行识别相比,危险免疫理论明显降低了应答规模,响应速度得到大幅提升。在本章研究中,通过 FDTS 算法已经能够成功地对故障节点进行识别,因而不需要对故障源进行额外判断,仅需通过抗体-抗原匹配过程实现对故障原因的诊断,诊断复杂度进一步降低。本节首先介绍人工免疫理论相关概念在工业无线传感器网络故障诊断算法中的定义。

1. 抗原

抗原是一种能够引起机体免疫反应并激发相应抗体发生特定响应的特殊物质。在工业无线传感器网络故障诊断中,抗原是从待测原始故障样本数据中提取的故障状态特征向量。具有 n 维特征的抗原 Ag 可表示为 Ag$=\{ag_k | k=1,2,\cdots,n\}$,其中 ag_k 为抗原 Ag 的第 k 个基因段,对应于故障状态特征向量的第 k 维属性特征值。需要注意的是,与故障检测仅聚焦于感知数据是否失准不同,故障诊断需从系统角度对节点、链路、网络等多个层面进行综合考量,确定故障原因。因此,待测原始故障样本数据除包含故障节点在时间窗口 $[t-m,t]$ 内所采集的感知数据序列 $X_i(t)=[x_i(t-m),x_i(t-m+1),\cdots,x_i(t)]$ 外,还需包括在该时间段内的节点能耗、吞吐量、丢包率、传递时延等其他信息。经特征提取后,具体故障状态特征向量构成如表 7-1 所示。

表 7-1 故障状态特征向量构成

属 性 符 号	物 理 意 义
$X_{\min}$	$X_i(t)$ 最小值
$X_{\max}$	$X_i(t)$ 最大值
$\bar{X}$	$X_i(t)$ 平均值
σ	$X_i(t)$ 标准差
$\text{med}(X_i(t))$	$X_i(t)$ 中位数
$\text{dist}(X_i(t))$	$X_i(t)$ 平均自间距
$\text{Vol}(t)$	$[t-m,t]$ 内节点吞吐量
$V_e(t)$	$[t-m,t]$ 内节点能耗速率
$V_l(t)$	$[t-m,t]$ 内节点丢包率
T_d	$[t-m,t]$ 内节点发送数据包平均时延

其中，$\mathrm{dist}(X_i(t))$ 为感知数据序列 $X_i(t)$ 内前后元素之间的平均差值，用于表示序列内各元素之间的分隔程度。对于由 $m+1$ 个数值所构成的序列 $X_i(t)$，$\mathrm{dist}(X_i(t))$ 计算公式如下：

$$\mathrm{dist}(X_i(t)) = \frac{\sum_{k=1}^{m}\left[x_i(t-k+1) - x_i(t-k)\right]}{m} \tag{7-1}$$

为消除各属性因量纲不同所造成的权重差异，对特征向量内各属性均通过最大值-最小值方法进行归一化处理。

2. 抗体与抗体库

抗体是免疫系统用来识别外来目标（抗原）的特殊物质。在故障诊断中，抗体映射为用于识别故障的故障状态特征向量，在 Sink 节点端生成。同样具有 n 维特征的抗体 Ab 可表示为 $\mathrm{Ab} = \{ab_k \mid k = 1, 2, \cdots, n\}$，其中 ab_k 为抗体 Ab 的第 k 个基因段。不难发现，在故障诊断中，故障状态特征向量以抗体或抗原的形式存在。但二者的区别在于，抗体为已知所对应故障类型的故障状态特征向量，而抗原仍处于待测状态，需要通过与抗体的匹配操作，识别所属故障类型。对于由 m 个 n 维特征抗体所组成的抗体库 $\mathrm{Lib}_{\mathrm{Ab}}$，可表示为 $m \times n$ 的矩阵：

$$\mathrm{Lib}_{\mathrm{Ab}} = \begin{bmatrix} \mathrm{Ab}_1 \\ \vdots \\ \mathrm{Ab}_m \end{bmatrix} = \begin{bmatrix} ab_{11} & \cdots & ab_{1n} \\ \vdots & \ddots & \vdots \\ ab_{m1} & \cdots & ab_{mn} \end{bmatrix} \tag{7-2}$$

3. 亲和度

抗体与抗原之间的匹配程度称为亲和度。免疫系统识别抗原的过程实质为寻找一个与抗原亲和度最高的抗体的过程。在本模型中，亲和度采用改进的欧式距离表示。对于指定具有 n 维特征的抗原 Ag 与抗体 Ab，亲和度 $\mathrm{Af}(\mathrm{Ag}, \mathrm{Ab})$ 为

$$\mathrm{Af}(\mathrm{Ag}, \mathrm{Ab}) = 1 - D(\mathrm{Ag}, \mathrm{Ab}) \tag{7-3}$$

$$D(\mathrm{Ag}, \mathrm{Ab}) = \sqrt{\frac{\sum_{k=1}^{n}(ag_k - ab_k)^2}{n}} \tag{7-4}$$

显然，用于表征抗体与抗原的特征向量之间的改进欧式距离越小，则抗体与抗原之间的亲和度越高。与之类似，我们可将单个抗原与多个抗体的匹配程度定义为整体亲和度。通常，对于抗原 Ag 和由 m 个同维抗体所组成的抗体库 $\mathrm{Lib}_{\mathrm{Ab}}$，其整体亲和度 $\mathrm{Af}(\mathrm{Ag}, \mathrm{Lib}_{\mathrm{Ab}})$ 为

$$\mathrm{Af}(\mathrm{Ag},\mathrm{Lib}_{\mathrm{Ab}}) = \frac{\sum_{k=1}^{m} \mathrm{Af}(\mathrm{Ag},\mathrm{Ab}_k)}{m} \tag{7-5}$$

7.3 基于人工免疫理论的故障诊断算法

本节所提出的基于人工免疫理论的工业无线传感器网络故障诊断算法包含抗原分类、抗体库训练、抗体-抗原匹配共三个核心步骤,具体描述如下。

7.3.1 抗原分类

在危险免疫理论中,不同的抗原将会产生不同的危险信号。因此,需要不同类型的抗体进行应答响应。同样对于工业无线传感器网络故障诊断而言,不同的故障类型所对应的故障状态特征向量差异明显,因此需要生成多个抗体库用于识别不同的故障类型。由于相同的故障类型具有类似的外显特征,采用分类算法能够对大批量故障特征数据样本进行有效划分。为保证算法对海量数据具有较强的处理性能,基于相似度概念对故障样本数据进行分类。首先给出相关定义如下。

定义 7-1 class$(j) = \{X_k \mid k=1,2,\cdots,m\}$ 为系统中具有 m 个相同维度样本的实类,class(j) 的中心 C_j 表示为

$$C_j = \sum_{k=1}^{m} X_k / m \tag{7-6}$$

定义 7-2 对于样本 X_i 与拥有相同维度的实类 class(j),X_i 与 class(j) 的相似度 sim$(X_i, \text{class}(j))$ 表示为

$$\text{sim}(X_i, \text{class}(j)) = \mathrm{Af}(X_i, C_j) \tag{7-7}$$

通过观察,不难发现相似度与整体亲和度概念较为类似。但二者的侧重点仍有不同。整体亲和度用于描述单个抗原与抗体库的匹配程度,因而采用抗原与抗体库内所有抗体亲和度的平均值。相似度用于度量个体样本与实类中心的接近程度,因而采用抗原与实类中心的亲和度作为相似度,以确保后续抗原分类结果不会过度分散。

将相似度概念与免疫理论相互对应,则样本 X_i 映射为抗原 Ag$_i$,实类 class(j) 映射为抗原经分类算法划分后所要归属的类别。相似度分类算法的具体步骤如下。

步骤 1:初始化 n 个实类,其中前 $n-1$ 个实类均具有 m 个初始样本,第 n 个

实类为空。

步骤 2：取任意待测故障特征数据样本 X_i，分别计算与前 $n-1$ 个实类的相似度。为方便表述，假设 X_i 与 class(j) 的相似度 sim$(X_i,$ class$(j))$ 最高，若 sim$(X_i,$ class$(j)) \geqslant \theta_c$，则将 X_i 并入 class(j)；反之，则将其并入 class(n)。其中，θ_c 为分类阈值。

步骤 3：对于前 $n-1$ 个实类，若有新样本并入，则按照并入后的实类内样本均值，完成实类中心的更新。对于第 n 个实类，若有新样本并入，则不进行任何操作。

步骤 4：重复步骤 2 与步骤 3，直至所有待测故障特征数据样本初次分类完成。

步骤 5：对于第 n 个实类，对其中所有样本 X_i 分别重新计算与前 $n-1$ 个实类的相似度。若 X_i 与 class(j) $(j \leqslant n-1)$ 的相似度 sim$(X_i,$ class$(j))$ 最高，则将 X_i 并入 class(j)。

在上述分类算法设计中，设定前 $n-1$ 个实类对应不同的故障类型，第 n 个实类为待检实类。故障特征样本数据选择相似程度最高的实类并入。考虑算法运行初期可能因初始样本不充分而将待测样本数据误划入其他故障类型，在执行初次分类操作时，设定阈值 θ_c。仅当样本 X_i 与选定实类 class(j) 的相似度 sim$(X_i,$ class$(j)) \geqslant \theta_c$ 时，才将样本 X_i 并入实类 class(j)。当初次分类操作执行完毕，将第 n 个实类内的剩余样本数据按照相似度最高原则重新并入前 $n-1$ 个实类。此时，抗原分类结束。需要注意的是，在初始化阶段，前 $n-1$ 个实类内所拥有的 m 个初始样本对最终的分类结果具有重要影响，因此应尽可能选取能够较好描述所对应故障类型的故障特征数据样本作为初始实例。

7.3.2 抗体库训练

在上一步抗原分类操作中，针对每个故障类型，已获得一定当量的故障特征数据样本，为构建相应抗体库提供了良好的数据支持。但由于工业无线传感器的网络故障特征复杂多样，现有描述故障特征的分类信息仍带有明显局限性。除此之外，抗体库体积是决定故障诊断算法复杂度的决定性因素。抗体库体积过大，将导致后续样本搜索空间的急剧扩大，诊断耗时也将明显延长。而低延时服务作为工业无线传感器网络故障诊断的核心需求之一，确保所构建抗体库在具有较优的故障表征性能的同时，维持较小体积，是抗体库训练的主要目标之一。为满足上述目标，抗体库训练具体操作步骤如下。

步骤 1:取任意一类抗原实类 class(j),将其用于表征故障状态特征值的抗原 Ag 平均分为 n 份,如 class(j)={class(j,1),class(j,2),⋯,class(j,n)}。取其中任意一份抗原子类 class(j,k)作为初始抗体库 Lib^j_{Ab}。

步骤 2:从 class(j)中任取一份抗原子类 class(j,g)($g≠k$),并从初始抗体库 Lib^j_{Ab} 中依次抽取抗体 Ab_i,计算与 class(j,g)的整体亲和度 Af(Ab_i, class(j,g))。若 Af(Ab_i,class(j,g))$≤σ_s$,则将 Ab_i 从 Lib^j_{Ab} 中删除。其中,$σ_s$ 为生存阈值。显然,初始抗体库内的不同抗体对故障表征性能不一,因此需借助以上步骤实现初始抗体库内抗体的优胜劣汰。

步骤 3:为保证抗体库 Lib^j_{Ab} 体积恒定,需对 Lib^j_{Ab} 内的抗体进行补充。新加入抗体为 Lib^j_{Ab} 内的生存抗体经遗传变异后获得。为保证抗体遗传后代具有优良的故障表征性能,优先选取与 class(j,g)整体亲和度较高的抗体作为父代,则对于 Lib^j_{Ab} 内的抗体 Ab_i,其被选择作为遗传父代的概率为

$$P_s(Ab_i) = \frac{Af(Ab_i,class(j,g))}{\sum\limits_{m=1}^{s} Af(Ab_m,class(j,g))} \tag{7-8}$$

式中:S 为 Lib^j_{Ab} 此时所拥有的生存抗体数量。当 Ab_i 被选中作为父代抗体,克隆该个体,并依据式(7-9)对其执行变异操作,从而获得新的抗体 Ab_i^*。

$$Ab_i^* = (1+ε)Ab_i - γ(Ab_i - C_{jg}) \tag{7-9}$$

式中:$ε$ 为突变因子,取值为[0,0.1]内的随机变量,$ε$ 越大意味着 Ab_i^* 较 Ab_i 变异幅度越明显;C_{jg} 为 class(j,g)的中心;$γ=1-Af(Ab_i,class(j,g))$,为学习因子。不难理解,Ab_i 与 class(j,g)的整体亲和度越低,则 $γ$ 取值越大,使得 Ab_i^* 向 class(j,g)中心靠拢的趋势越明显,从而使经遗传变异后所获得的 Ab_i^* 逐步具备了描述 class(j,g)的能力。重复以上操作,获得与步骤 2 中淘汰抗体数量相等的补充抗体,并将其并入 Lib^j_{Ab}。

步骤 4:重复执行步骤 2 与步骤 3,直至 Lib^j_{Ab} 与 class(j)中剩余的抗原子类均完成优胜劣汰与遗传变异操作。此时,Lib^j_{Ab} 即为 class(j)所对应的完备抗体库。

步骤 5:同理,重复执行步骤 1 与步骤 4,则可获得针对所有抗原实类{class(1),class(3),⋯,class(k)}的完备抗体库集合{Lib^1_{Ab},Lib^2_{Ab},⋯,Lib^k_{Ab}}。

经过上述过程,初始抗体库通过将故障描述能力较差的抗体淘汰,将性能较优的变异体补充进来,进化成为完备抗体库,从而保证免疫系统能够在维持较小抗体库体积的前提下,充分收集故障样本特征信息和维持较好的故障特征

多样性。

7.3.3 抗体-抗原匹配

经上一步抗体库训练操作后,所获完备抗体库集合$\{Lib_{Ab}^1, Lib_{Ab}^2, \cdots, Lib_{Ab}^k\}$包含了不同故障类型的故障特征信息。因此,对新入待检测的故障特征数据样本即抗原,执行与完备抗体库的匹配操作,最终匹配程度最高的抗体库即为该抗原所对应的故障类型。匹配算法采用 KNN 算法[19]。这是由于为保证运算效率,抗体库体积通常受限,且不同抗体库之间存在实例交叉与重叠的可能,而KNN 算法的执行并不依赖于大量数据样本,仅与少量相邻样本有关,对于交叉类域具有较好的匹配效果。抗体-抗原匹配具体操作如下。

步骤 1:对于新入抗原 Ag 分别计算$\{Lib_{Ab}^1, Lib_{Ab}^2, \cdots, Lib_{Ab}^j\}$内抗体的亲和度,选择与 Ag 亲和度最大的 k 个抗体$\{Ab_1, Ab_2, \cdots, Ab_k\}$作为 Ag 的最近邻。

步骤 2:依据式(7-10)与式(7-11)分别计算每个抗体库在 k 个最近邻中所占权重。

$$P_c(Ag, Lib_{Ab}^j) = \frac{\sum_{i=1}^{k} F_s(Ab_k, Lib_{Ab}^j)}{k} \tag{7-10}$$

$$F_s(Ab_i, Lib_{Ab}^j) = \begin{cases} 1, & Ab_i \in Lib_{Ab}^j \\ 0, & Ab_i \notin Lib_{Ab}^j \end{cases} \tag{7-11}$$

选择权重最大的抗体库作为 Ag 的归属类别,该抗体库所对应的故障类型即为针对 Ag 的最终诊断结果。

7.3.4 系统实现流程

正如前文所述,由于基于人工免疫理论的故障诊断算法需要完备的故障特征知识库与一定程度的复杂运算,因此算法部署在 Sink 节点端。当传感器节点通过分布式故障检测算法 FDTS 发现故障时,则立刻发送通知报文至 Sink 节点。Sink 节点开启相应故障诊断模块,从通知报文中提取故障特征样本,并展开诊断过程。具体流程如图 7-1 所示。

需要注意的是,抗原分类与抗体库训练属于故障诊断算法的初始化阶段。为保证算法性能,在进行抗原分类时,应尽可能提供足够的故障先验知识(初始故障样本、故障类型等)。而在进行抗体库训练时,在系统性能允许的前提下,可利用抗体库重分类与反复迭代等方式,提升抗体库的训练效果,为下一步故障诊断提供更准确的决策依据。

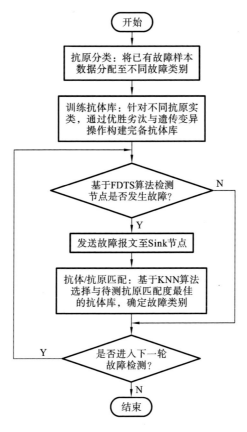

图 7-1　故障诊断流程图

7.4　仿真结果与分析

7.4.1　仿真设置

在测试环节,根据马闯[20]所提工业无线传感器网络常见故障分类方法,将故障测试类型设为:传感单元故障、处理单元故障与通信单元故障。为验证算法诊断性能,选取诊断正确率作为性能评价指标。诊断正确率即为输入固定数量已知故障类型样本数据,经诊断算法辨识后所得的正确结果占该数量的百分比。测试所采用的训练样本来自于原有大批量样本数据中滤除正常数据后所得的故障样本数据。故障样本数据共计 3000 个,其中测试数据 400 个,其余均为训练数据。各个故障类型在故障样本数据中所占比例一致。在本章所提的基于人工免疫理论的故障诊断算法中,初始样本个数设为 30,抗体库体积设为 200。

7.4.2 仿真结果

1. 关键参数影响

如图 7-2 所示,θ_c 作为算法初始阶段的抗原分类阈值,其取值对诊断算法性能具有重要影响。伴随 θ_c 取值的增加,诊断正确率呈现出先上升后下降这一明显趋势。这是由于当 θ_c 取值较小时,在执行首次分类操作中,阈值 θ_c 几乎不起作用,绝大多数故障特征数据样本均可依照相似度最高原则划入对应实类。但由于初始样本不充分,待测样本数据被误划入其他故障类型的可能性较高。伴随 θ_c 取值上升,误判概率下降。但当 θ_c 取值过高时,又将使得绝大多数故障特征数据样本在首次分类时进入待检实类,对应已知故障类型实类内的样本数据并无明显扩充,对于随后而来的重分类操作,误判概率依旧较高。因此,故障检出率呈现出先上升后下降这一明显趋势。综合考虑 θ_c 取值对诊断算法性能的影响,设定 $\theta_c = 0.6$。

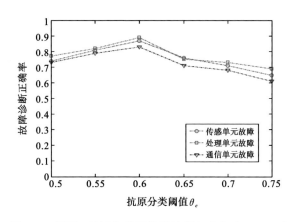

图 7-2　不同 θ_c 设置条件下故障诊断正确率 ($\sigma_s = 0.65$)

如图 7-3 所示,当 $\sigma_s = 0.65$ 时,算法诊断正确率达到最优,随后逐渐下降。不难理解,σ_s 作为判定抗体是否应被淘汰的阈值,当 σ_s 取值过小,使得抗体库自有的优胜劣汰机制几乎不起作用,导致各个抗体库对于故障识别能力的下降,进而推高未知故障比例。当 σ_s 取值较大时,抗体库内已有的抗体多难以满足阈值要求,导致淘汰规模过大,增加误诊可能。综合考虑 σ_s 取值对诊断算法性能的影响,设定 $\sigma_s = 0.65$。

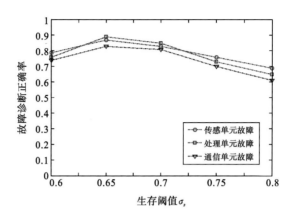

图 7-3 不同 σ_s 设置条件下故障诊断正确率与未知故障比例($\theta_c = 0.6$)

2. 对比算法实验

在对比实验环节,选取支持向量机[1]与人工神经网络诊断算法[8]作为对比算法。具体仿真设置如表 7-2 所示。

表 7-2 对比算法仿真设置

诊 断 算 法	参 数	设 定
	核函数	RBF
支持向量机	惩罚因子 C	2.4
	核参数 γ	10
	神经网络分层 L_s	3
	隐层神经元个数 N_g	15
人工神经网络	学习速率 S_l	0.1
	标准训练函数	Trainlm
	训练次数 M_t	1500

由图 7-4 所示,在有限训练样本的条件下,基于人工免疫理论的故障诊断算法性能略优于其他两种算法。这是由于在抗体库搭建过程中,通过引入优胜劣汰机制与遗传变异操作,使对应不同故障类型的抗体库处于不断的自我完善过程当中,确保其在面对工业无线传感器网络故障多样性时,具有较好的诊断精度。

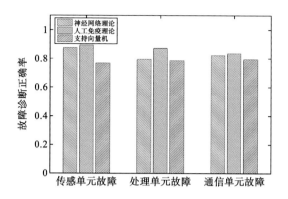

图 7-4　不同算法故障诊断正确率对比

如表 7-3 所示,输入相同数量待测样本,各个算法诊断耗时差异明显。其中基于人工免疫理论的故障诊断算法耗时最短。这是由于完备抗体搭建仅需通过简单分类计算与阈值判断即可完成全过程。在故障识别阶段,通过 KNN 算法完成匹配,复杂度仍处于合理范围。而人工神经网络诊断算法与支持向量机诊断算法因训练函数和核函数构造复杂,且通常涉及高维度矩阵运算,算法复杂度较高,耗时较长。工业无线传感器网络计算资源有限且对输出结果实时性要求较高。因此,相比其他两种故障诊断算法,本章所提基于人工免疫理论的故障诊断算法对于工业场景具有更强的适用性。

表 7-3　对比算法诊断耗时

待测样本数量	神经网络理论/s	人工免疫理论/s	支持向量机/s
50	25	17	32
100	47	29	57
200	86	50	102
500	151	112	221

7.4.3　诊断算法复杂度分析

T 为算法时间复杂度,T_1、T_2、T_3 分别指代抗原分类、抗体库训练、抗体-抗原匹配的时间复杂度计算。

1. 抗原分类

初始化 n 个抗原实类,其中前 $n-1$ 个实类均包含相同数量 m 维初始样本,

第 n 个实类为空。训练样本个数为 k。训练样本通过相似度计算完成抗原分类,则时间复杂度 $T_1 = O(km(n-1))$。

2. 抗体库训练

已有 n 个抗原实类,取任意实类划分为 d 份,并取其中任意一份作为该实类所对应的初始抗体库。设初始抗体库所包含 m 维抗体的个数为 f,利用亲和度计算完成优胜劣汰操作得到完备抗体库。依照相同操作,可分别获得 n 个抗原实类的完备数据库,则时间复杂度 $T_2 = O(nmf(d-1))$。

3. 抗体/抗原匹配

经抗体库训练,可获得 n 个完备抗体库用于表征不同故障类型特征知识。随后,对于新入抗原即待测故障特征数据样本,需通过 KNN 算法完成最近邻占各个抗体库权重的计算。因此,需分别计算新入抗原与各个抗体库内抗体的亲和度,并以此为依据将前 k 个亲和度最大抗体称为最近邻。已知各个完备抗体库所包含的抗体数量为 f,则时间复杂度 $T_3 = O(nmf)$。

通过算法复杂度分析,不难发现,基于人工免疫的故障诊断算法绝大多数计算负荷均集中于抗原分类阶段与抗体库训练阶段。而这两个阶段均属于算法初始化阶段,仅需运行一次。当有待测样本进入诊断流程,仅需经过抗体/抗原匹配完成故障类型辨识,实际算法复杂度仅为 $T = O(nmf)$,能够保证工业无线传感器网络在配备有限计算资源条件下仍能快速地输出诊断结果。

7.5 本章小结

本章提出一种基于人工免疫理论的故障诊断算法。该算法首先利用抗原分类将训练所需故障特征样本按故障类型进行划分。随后,在抗体库训练阶段,通过引入优胜劣汰机制与遗传变异操作,构建具有完备表征能力的故障特征知识库。当待测故障样本进入诊断阶段,利用 KNN 匹配算法完成故障辨识。实验结果表明:与人工神经网络诊断算法和支持向量机诊断算法相比,所提基于人工免疫理论的故障诊断算法在维持较高诊断精度的同时,诊断耗时明显缩短,能够更好地满足工业场景对低时延服务的要求。

本章参考文献

[1] 王莹,尹莉萍,岳殿武,等. 基于支持向量机的无线传感器网络分布式检测[J]. 大连海事大学学报:自然科学版,2009,35(3):68-71.

[2] Shahid N，Naqvi I H，Qaisar S B. Quarter-sphere SVM：attribute and spatio-temporal correlations based outlier & event detection in wireless sensor networks[C]//Wireless Communications and Networking Conference (WCNC)，2012 IEEE. IEEE，2012：2048-2053.

[3] Zhang Y，Meratnia N，Havinga P J M. Distributed online outlier detection in wireless sensor networks using ellipsoidal support vector machine [J]. Ad Hoc Networks，2013，11(3)：1062-1074.

[4] Alsheikh M A，Lin S，Niyato D，et al. Machine learning in wireless sensor networks：Algorithms，strategies，and applications[J]. IEEE Communications Surveys & Tutorials，2014，16(4)：1996-2018.

[5] Yang Z，Meratnia N，Havinga P. An online outlier detection technique for wireless sensor networks using unsupervised quarter-sphere support vector machine[C]//Intelligent Sensors，Sensor Networks and Information Processing，ISSNIP 2008. International Conference on. IEEE，2008：151-156.

[6] Branch J W，Giannella C，Szymanski B，et al. In-network outlier detection in wireless sensor networks[J]. Knowledge and information systems，2013，34(1)：23-54.

[7] 胡石，李光辉，卢文伟，冯海林. 基于神经网络的无线传感器网络异常数据检测方法[J]. 计算机科学，2014，41(S2)：208-211.

[8] 孙寅秋. 无线传感器网络故障诊断算法设计[D]. 西安：西安电子科技大学，2012.

[9] Khan S A，Daachi B，Djouani K. Application of fuzzy inference systems to detection of faults in wireless sensor networks[J]. Neuro Computing，2012，94(10)：111-120.

[10] Kapitanova K，Son S H，Kang K D. Using fuzzy logic for robust event detection in wireless sensor networks[J]. Ad Hoc Networks，2012，10 (4)：709-722.

[11] Baig Z A，Khan S A. Fuzzy logic-based decision making for detecting distributed node exhaustion attacks in wireless sensor networks[C]//Future Networks，2010. ICFN 2010. Second International Conference on. IEEE，2010：185-189.

［12］张泽明. 人工免疫算法及其应用研究［D］. 合肥：中国科学技术大学，2007.

［13］张著洪. 基于危险理论的动态约束免疫优化［J］. 模式识别与人工智能，2012，25(1)：37-44.

［14］彭凌西，谢冬青，付颖芳，等. 基于危险理论的自动入侵响应系统模型［J］. 通信学报，2012，33(1)：136-144.

［15］张韬，丁永生，郝矿荣，等. 基于人工免疫系统的故障诊断方法及其应用［J］. 系统仿真学报，2014，26(4)：830-835.

［16］Matzinger P. The danger model：a renewed sense of self［J］. Science，2002，296(5566)：301-305.

［17］Jiao L，Li Y，Gong M，et al. Quantum-inspired immune clonal algorithm for global optimization［J］. IEEE Transactions on Systems，Man，and Cybernetics，Part B：Cybernetics，2008，38(5)：1234-1253.

［18］Jiao L，Wang L. A novel genetic algorithm based on immunity［J］. IEEE Transactions on Systems，Man and Cybernetics，Part A：Systems and Humans，2000，30(5)：552-561.

［19］Larose D T. K-Nearest Neighbor Algorithm［J］. Discovering Knowledge in Data：An Introduction to Data Mining，2005：90-107.

［20］马闯，刘宏伟，左德承，等. 无线传感器网络的层次化故障模型［J］. 清华大学学报（自然科学版），2011，51(S1)：1418-1423.

第8章
基于移动智能体的数据分层传输方案

在智能工厂中,车间网络将要承担海量数据传输,这对网络的数据传输能力和能源使用效率提出了巨大的挑战。本章采用智能工厂中常见的移动智能体设备,将车间中的现场总线网络和无线传感器网络集成为一个数据分层传输网络,提高车间网络的数据传输能力,从而进一步提高网络的抗毁性能力。在这个数据分层传输方案中,传感器节点收集到的数据首先传输到附近的现场总线节点,然后将现场总线节点中的数据划分为不同的优先级,高优先级数据通过现场总线传输到基站,低优先级数据通过移动智能体传输到基站。实验结果表明,数据分层传输方案显著提高了现场总线的数据传输效率,并提高了传感器节点 4 至 5 倍的能源使用效率。

8.1 引言

目前我们正经历第四次工业革命,简称工业 4.0。工业 4.0 环境可以简单地由许多智能工厂、云制造平台和特定的个人客户组成。其中,智能工厂的制造能力,通过网络接入到云制造平台,然后云制造平台就可以提供各种细粒度(原子)和粗粒度(复合)的加工服务,在客户眼中,就是产品的可定制化[1]。

在车间,通常存在着两种类型的网络,现场总线网络(本章只考虑无线现场总线网络,简称 WFN)和无线传感器网络(WSN),它们之间相互独立存在[2]。相比传统的工厂环境,智能工厂环境将有更大的数据量信息在这两个分离的网络中传输[3],这将导致 WSN 消耗更多的能量,而 WFN 则需要更强的数据传输能力。

无线传感器网络更多的能量消耗将显著降低传感器节点的使用寿命。为应对这一挑战,我们将这无线现场网络和无线传感器网络集成在一起。在集成网络中,传感器节点将采集到的数据传输到附近的现场总线节点。由于车间中的传感器节点一般布置在生产机器周围对生产活动进行监测,所以传感器节点到附近现场总线节点之间的距离一般较短,在一个或几个跳数之间,平均来说小于该传感器节点到基站的跳数。因此,在集成网络中,我们可以在无线传感器网络上实现更少的能耗和更长的使用寿命。

随着技术的飞速发展,越来越多的设备将同时具备通信和移动的能力,这些设备被称为移动智能体。在智能工厂中,移动智能体可以是自动导引小车(AGV),也可以是有轨制导小车(RGV)和移动机器人。基于此,本章提出了一种分层的数据传输方案。在这个方案中,除了执行生产任务外,移动智能体也被用来为集成网络提供数据传输服务。然而,利用移动智能体的移动性来传输数据会导致数据传输的延迟,所以它只适合于传输非实时数据。因此,在该方案中,我们将集成网络中的数据划分为不同的优先级。高优先级的数据通过现场总线传输到基站,低优先级的数据通过移动智能体传输到基站。这样,我们就可以在集成网络中实现更强的数据传输能力,进一步提高网络的抗毁性能。

8.2 研究现状

工业无线传感器网络的高效能数据传输一直是近年来的研究热点,产生了时分多址(TDMA)[4]、数据重发[5]、基于时间窗调度(SSS)[6]等许多数据传输技术。

在这些数据传输技术中,TDMA作为可靠通信最常用的技术,因其简单实用的信道冲突解决机制,广泛地被包括IEEE 802.11、IEEE 802.15.4、IEEE 802.15.1-based、HART、ISA100.11a、WIA-PA在内的各种通信协议所采用。

然而,即使使用TDMA,由于工业生产中相对恶劣的生产环境造成的大量外部干扰,传输错误也时有发生。通常采用数据重发技术解决这个问题。为了提高数据重发传输效率,相关研究人员提出了SSS技术[6]。

虽然这些技术在有限数据传输容量的传统IWSN环境中解决了可靠性问题,甚至确保了高优先级数据的实时传输,但它们在具有更大数据量的工业4.0环境中效果不佳。这是因为这些技术只是解决了信道分配问题,当传输的数据种类和数据量增大时,这些信道分配技术的效率和效能将会降低,直到低优先级数据失去信道的分配。

为了克服这一挑战,本章提出了一种新的分层数据传输方案,用于支持工业 4.0 环境下可靠高效的数据传输。在该方案中,将不同加工过程间的交互数据和生产历史数据等非实时数据分配给移动智能体进行传输,实时数据仍由WFN 进行传输。为支持该分层数据传输方案,本章还提出了一种新的移动智能体算法以同时执行材料运输和数据传输任务。

8.3 问题描述

在工业 4.0 中,为适应客户个性化定制产品的需求,产品必须是模块化和可配置的。如图 8-1 所示,典型的工业 4.0 场景分为三层,客户层、云平台层和工厂层。在客户层,客户可以向云平台提供定制的产品订单。云平台则将订单分解为不同的部分并分配给相应的工厂,并为每个分配给工厂的订单创建一个生产流程。生产流程由一系列加工服务组成,加工服务对应于物理工厂中的加工单元。在生产车间,每个加工单元的生产任务可以分解为加工任务和非加工任务。非加工任务由移动智能体完成,包括物料运输和在制品运输任务。

为提供不同粒度的产品定制功能,车间具备将不同粒度的加工单元自组织为生产线的能力。加工单元分原子加工单元和复合加工单元两种。一个原子加工单元只包含一个加工工序,它可以是一台机器或一个工人,如图 8-2 所示。复合加工单元包含几个紧密连接的加工工序,并且这些工序可以通过诸如输送带等固定导轨连接起来以提高加工效率[7]。

如图 8-3 所示,在一个智能车间内,主要涉及两种类型的无线网络:无线传感器网络(WSN)和无线现场总线网络(WFN)。它们完全相互独立。WSN由传感器组成,负责将各传感器收集到的数据通过无线传感器网络传输到基站。WFN 由加工单元组成,负责加工单元和基站之间的数据传输。在车间,传感器节点主要分布在加工单元的周围。从位置上看,加工单元及其周围的传感器形成了一种簇状的拓扑结构,其中加工单元是簇头,传感器是成员节点。

本章利用这种拓扑结构,通过移动智能体将 WSN 和 WFN 集成到一起,如图 8-4 所示。在这个集成网络中,成员节点收集数据并将数据传输到簇头。将簇头数据划分为不同的优先级,高优先级数据通过 WFN 传输到基站,低优先级数据通过移动智能体传输给基站。因为 WSN、WFN 和移动智能体可能使用不同的数据传输协议,为了实现它们之间的数据传输,我们需要在每个工序添加一个兼容不同传输协议的适配器。

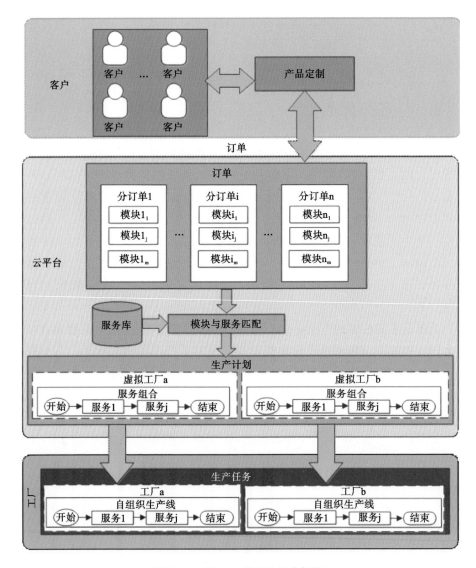

图 8-1 工业 4.0 定制化生产框架

　　适配器的设计不属于本章的研究范围,本章更关注的是移动智能体的低优先级数据传输任务。低优先级数据传输任务包含向基站传输数据的任务,以及在自组织的生产线中两个加工单元之间的数据传输任务。我们将这两个任务也归类为非加工任务。

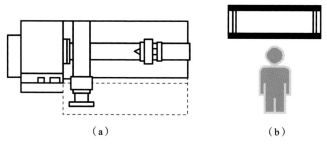

图 8-2　原子加工单元

（a）机器；（b）工人

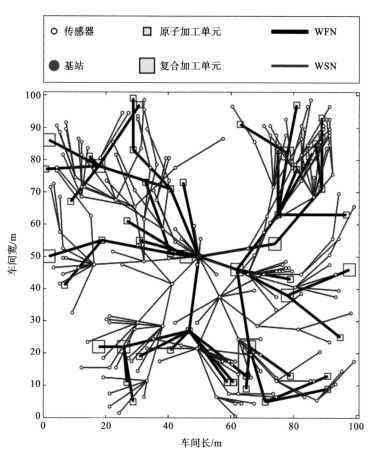

图 8-3　车间网络

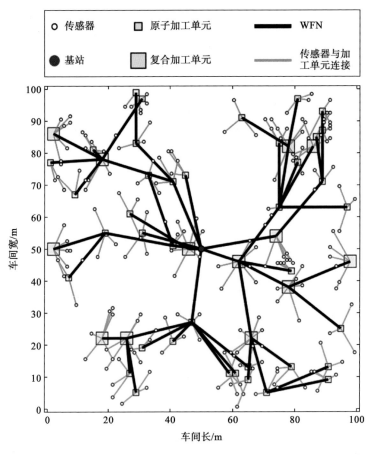

图 8-4　车间集成网络

8.4　移动智能体调度方案设计

　　图 8-5 为移动智能体(AGV)处理非加工任务的调度框架,当有新的非加工任务在加工单元产生时,将按图中所示步骤执行 AGV 调度工作,使每个非加工任务都被分配有合适的执行者。由于邻域节点发现和领导者选取的问题已经在文献[8]中得到了比较好的解决,本节将着重介绍 AGV 调度方案的另外两个重要的模块,非加工任务的资源需求评估和 AGV 的自评估。

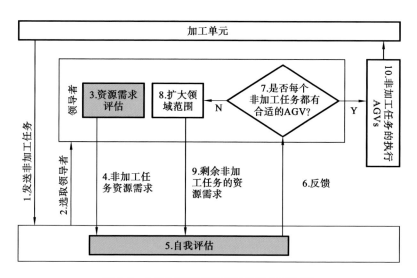

图 8-5　AGV 处理非加工任务的调度框架

8.4.1　算法变量描述

为更好地理解对 AGV 调度方案的描述,首先在本节提供调度方案所用的变量。其中,车间变量如表 8-1 所示。

表 8-1　车间变量

变　　量	定　　义	取 值 范 围
$(x(0), y(0))$	仓库和基站坐标	
n_1	加工单元个数	$1 \leqslant n_1$
$p_u(i)$	加工单元	$1 \leqslant i \leqslant n_1$
$t(i)$	$p_u(i)$ 加工一个在制品的时间	$0 < t(i)$
$(x(i), y(i))$	$p_u(i)$ 的坐标	
$n_2(i)$	$p_u(i)$ 的工序个数	$1 \leqslant n_2(i)$
$p_s(i)(j)$	$p_u(i)$ 的一个工序	$1 \leqslant j \leqslant n_2(i)$
$a_s(i)(j)$	在 $p_s(i)(j)$ 加工一个在制品产生的数据量	$0 \leqslant a_s(i)(j)$
$\mathrm{prop}_1(i)(j)$	低优先级数据占比	$0 \leqslant \mathrm{prop}_1(i)(j) \leqslant 1$
$\mathrm{prop}_2(i)(j)$	加工单元之间数据传输量占比	$0 \leqslant \mathrm{prop}_2(i)(j)$ $\leqslant 1 - \mathrm{prop}_1(i)(j)$

续表

变　量	定　义	取 值 范 围
$n_3(i)(j)$	$p_s(i)(j)$需要的材料种类	$0 \leqslant n_3(i)(j)$
$m_t(i)(j)(k)$	$p_s(i)(j)$需要的一种材料	$1 \leqslant k \leqslant n_3(i)(j)$
$n_4(i)(j)(k)$	加工一个在制品，材料$m_t(i)(j)(k)$的需求量	$0 \leqslant n_4(i)(j)(k)$
$s_m(i)(j)(k)$	材料$m_t(i)(j)(k)$的体积	$0 \leqslant s_m(i)(j)(k)$

订单变量如表 8-2 所示。

表 8-2　订单变量

变　量	定　义	取 值 范 围
n_5	生产线的加工单元个数	$1 \leqslant n_5$
$p_u(f_1(h_1))$	生产线上的加工单元	$1 \leqslant h_1 \leqslant n_5$ $1 \leqslant f_1(h) \leqslant n_1$
n	订单的产品需求量	$1 \leqslant n$
T_{str}	订单开始时间	
T_{end}	订单完成时间	

加工节点接受到的加工命令如表 8-3 所示。

表 8-3　加工命令

变　量	定　义	取 值 范 围
n	被加工的在制品数量	$1 \leqslant n$
$t_{str}(h)$	加工开始时间	
$t_{end}(h)$	加工结束时间	

AGV 变量如表 8-4 所示。

表 8-4　AGV 变量

变　量	定　义	取 值 范 围
buffer	AGV 数据存储能力	$0 \leqslant buffer$
space	AGV 运输能力	$0 \leqslant space$
speed	AGV 速度	$0 \leqslant speed$
path	AGV 路径	
T	AGV 路径周期	$0 \leqslant T$

续表

变　　量	定　　义	取 值 范 围
n_6	路径节点个数	$0 \leqslant n_6$
$\text{taskNode}(h_2)$	路径节点	$1 \leqslant h_2 \leqslant n_6$
$[x(f_2(h_2)), y(f_2(h_2))]$	路径节点坐标	$0 \leqslant f_2(h_2) \leqslant n_1$
n_7	AGV 正在执行的任务个数	$0 \leqslant n_7$
$\text{dTask}(h_3)$	AGV 的一个任务	$1 \leqslant h_3 \leqslant n_7$
$[\text{pst}_{\text{str}}(h_3), \text{pst}_{\text{end}}(h_3)]$	任务开始节点、结束节点	
$[x(f_3(h_3)), y(f_3(h_3))]$	任务开始节点坐标	$0 \leqslant f_3(h_3) \leqslant n_1$
$[x(f_4(h_3)), y(f_4(h_3))]$	任务结束节点坐标	$0 \leqslant f_4(h_3) \leqslant n_1$
$\text{buffer}(h_3)$	任务的数据传输需求	$0 \leqslant \text{buffer}(h_3)$
$\text{space}(h_3)$	任务的物料运输需求	$0 \leqslant \text{space}(h_3)$

8.4.2　非加工任务资源需求评估

本节介绍非加工任务资源需求的评估过程。对于加工单元 $p_u(f_1(h_1))$，我们假设 i 等于 $f_1(h_1)$（见式(8-1)），则加工单元可以表示为 $p_u(i)$。

$$i = f_1(h) \tag{8-1}$$

因此，$p_u(i)$ 的非加工任务可以表示为式(8-2)。其中：$\text{dTask}(i)(1)$ 表示物料运输任务，$\text{dTask}(i)(2)$ 表示在制品运输任务，$\text{dTask}(i)(3)$ 表示目的地是基站的数据传输任务，$\text{dTask}(i)(4)$ 表示目的地是生产线中下一个加工节点的数据传输任务。

$$\{\text{dTask}(i)(c) \mid c \in [1, 4]\} \tag{8-2}$$

$\text{spaceR}(i)(c)$ 表示 AGV 完成由一个 WIP 产生的 $\text{dTask}(i)(c)$ 所需的运输能力，可以表示为式(8-3)至式(8-6)。

$$\text{spaceR}(i)(1) = \sum_{j=1}^{n_2(i)} \sum_{k=1}^{n_3(i)(j)} [n_4(i)(j)(k) \times s_m(i)(j)(k)] \tag{8-3}$$

$$\text{spaceR}(i)(2) = \sum_{j=1}^{h_1} \text{spaceR}(f_1(j))(1) \tag{8-4}$$

$$\text{spaceR}(i)(3) = 0 \tag{8-5}$$

$$\text{spaceR}(i)(4) = 0 \tag{8-6}$$

类似地，$\text{bufferR}(i)(c)$ 表示数据传输能力要求。它们可以表示为式(8-7)至式(8-10)。

$$\text{buffer}R(i)(1) = 0 \tag{8-7}$$

$$\text{buffer}R(i)(2) = 0 \tag{8-8}$$

$$\text{buffer}R(i)(3) = \sum_{j=1}^{n_2(i)} \left[a_s(i)(j) \times \text{prop}_1(i)(j) \right] \tag{8-9}$$

$$\text{buffer}R(i)(4) = \sum_{j=1}^{n_2(i)} \left[a_s(i)(j) \times \text{prop}_2(i)(j) \right] \tag{8-10}$$

$\text{pst}R_{\text{str}}(i)(c)$ 表示 $\text{dTask}(h_3)$ 的始发点，$\text{pst}R_{\text{end}}(i)(c)$ 表示 $\text{dTask}(h_3)$ 的目的地。它们可以表示为式(8-11)至式(8-18)。

$$\text{pst}R_{\text{str}}(i)(1) = [x(0), y(0)] \tag{8-11}$$

$$\text{pst}R_{\text{end}}(i)(1) = [x(i), y(i)] \tag{8-12}$$

$$\text{pst}R_{\text{str}}(i)(2) = [x(i), y(i)] \tag{8-13}$$

$$\text{pst}R_{\text{end}}(i)(2) = \begin{cases} [x(i+1), y(i+1)]; & i < n_5 \\ [x(0), y(0)]; & i = n_5 \end{cases} \tag{8-14}$$

$$\text{pst}R_{\text{str}}(i)(3) = [x(i), y(i)] \tag{8-15}$$

$$\text{pst}R_{\text{end}}(i)(3) = [x(0), y(0)] \tag{8-16}$$

$$\text{pst}R_{\text{str}}(i)(4) = [x(i), y(i)] \tag{8-17}$$

$$\text{pst}R_{\text{end}}(i)(4) = \begin{cases} [x(i+1), y(i+1)]; & i < n_5 \\ [x(0), y(0)]; & i = n_5 \end{cases} \tag{8-18}$$

8.4.3 AGV 任务资源需求评估过程

本节将描述 AGV 任务资源需求评估过程，以检查它们是否有足够的资源执行非加工任务。当 AGV 接收到 $\text{dTask}(i)(c)$ 的资源需求时，它将该任务添加到其任务列表中，并更新参数 n_7（AGV 正在执行的任务个数），见式(8-19)至式(8-21)。

$$n_7 = n_7 + 1 \tag{8-19}$$

$$\text{pst}_{\text{str}}(n_7) = \text{pst}R_{\text{str}}(i)(c) \tag{8-20}$$

$$\text{pst}_{\text{end}}(n_7) = \text{pst}R_{\text{end}}(i)(c) \tag{8-21}$$

因为任务的出发点和目的地可能已经在 AGV 的任务节点中，或者可能不在，所以 AGV 必须更新其任务节点和一个相关的变量 n_6（路径节点个数），见式(8-22)至式(8-29)。

$$f\text{Tem}_1(h_2) = \begin{cases} 1, & \text{pst}_{\text{str}}(n_7) = \text{taskNode}(h_2) \\ 0, & \text{pst}_{\text{str}}(n_7) \neq \text{taskNode}(h_2) \end{cases} \tag{8-22}$$

$$f\mathrm{Tem}_2 = \sum_{h_2=1}^{n_6} f\mathrm{Tem}_1(h_2) \tag{8-23}$$

$$n_6 = \begin{cases} n_6+1; & f\mathrm{Tem}_2 = 0 \\ n_6; & f\mathrm{Tem}_2 \neq 0 \end{cases} \tag{8-24}$$

$$\mathrm{taskNode}(n_6) = \begin{cases} \mathrm{pst}_{\mathrm{str}}(n_7); & f\mathrm{Tem}_2 = 0 \\ \mathrm{taskNode}(n_6); & f\mathrm{Tem}_2 \neq 0 \end{cases} \tag{8-25}$$

$$f\mathrm{Tem}_3(h_2) = \begin{cases} 1, & \mathrm{pst}_{\mathrm{end}}(n_7) = \mathrm{taskNode}(h_2) \\ 0, & \mathrm{pst}_{\mathrm{end}}(n_7) \neq \mathrm{taskNode}(h_2) \end{cases} \tag{8-26}$$

$$f\mathrm{Tem}_4 = \sum_{h_2=1}^{n_6} f\mathrm{Tem}_3(h_2) \tag{8-27}$$

$$n_6 = \begin{cases} n_6+1; & f\mathrm{Tem}_4 = 0 \\ n_6; & f\mathrm{Tem}_4 \neq 0 \end{cases} \tag{8-28}$$

$$\mathrm{taskNode}(n_6) = \begin{cases} \mathrm{pst}_{\mathrm{end}}(n_7); & f\mathrm{Tem}_4 = 0 \\ \mathrm{taskNode}(n_6); & f\mathrm{Tem}_4 \neq 0 \end{cases} \tag{8-29}$$

$n\mathrm{Seq}$ 表示遍历所有任务节点的路径数。按照路径长度升序对这些路径进行排序。pathSeq 表示排序后的路径序列,如式(8-30)所示。

$$\mathrm{pathSeq} = \{\mathrm{path}(j) \mid j \in [1, n\mathrm{Seq}]\} \tag{8-30}$$

$\mathrm{path}(j)$ 可以表示为式(8-31)所述形式,taskNode 中节点的顺序为路径中节点被访问的顺序。

$$\mathrm{path}(j) = \{\mathrm{taskNode}(k) \mid k \in [1, n_6]\} \tag{8-31}$$

$L(j)$ 表示 $\mathrm{path}(j)$ 的长度,可以表示为式(8-32)所述形式。$T(j)$ 表示 $\mathrm{path}(j)$ 的周期,可以表示为式(8-33)所述形式。

$$L(j) = \sqrt{[x(f_2(n_6)) - x(f_2(1))]^2 + [y(f_2(n_6)) - y(f_2(1))]^2}$$
$$+ \sum_{h_2=1}^{n_6-1} \sqrt{[x(f_2(h_2)) - x(f_2(h_2+1))]^2 + [y(f_2(h_2)) - y(f_2(h_2+1))]^2} \tag{8-32}$$

$$T(j) = \frac{L(j)}{\mathrm{speed}} \tag{8-33}$$

分配给 $p_u(i)$ 的非加工任务的资源表示为式(8-34)、式(8-35)。

$$\mathrm{buffer}(n_7) = \frac{\mathrm{bufferR}(i)(c) \times T(j)}{t(i)} \tag{8-34}$$

$$\mathrm{space}(n_7) = \frac{\mathrm{spaceR}(i)(c) \times T(j)}{t(i)} \tag{8-35}$$

因为分配给每个非加工任务的资源与 AGV 的路径周期有关,所以需要将其更新,如式(8-36)和式(8-37)所示。

$$\left\{ \text{buffer}(h_3) = \frac{\text{buffer}(h_3) \times T(j)}{T} \middle| h_3 \in [1, n_7 - 1] \right\} \quad (8\text{-}36)$$

$$\left\{ \text{space}(h_3) = \frac{\text{space}(h_3) \times T(j)}{T} \middle| h_3 \in [1, n_7 - 1] \right\} \quad (8\text{-}37)$$

对于 path(j),当 $k = n_6$ 时,space$O(j)(k)$ 表示 taskNode(k) 和 taskNode(k+1)之间或 taskNode(k) 和 taskNode(1)之间的路径部分占用的运输能力。buffer$O(j)(k)$ 表示相应占用的数据传输能力。通过表 8-4 的已知变量,它们可以通过式(8-38)至式(8-45)进行计算。

$$f_{31}(x_1)(x_2) = \begin{cases} x_2, & f_3(x_1) = f_2(x_2) \\ 0, & f_3(x_1) \neq f_2(x_2) \end{cases}; \quad 1 \leqslant x_2 \leqslant n_6 \quad (8\text{-}38)$$

$$h_2 f_3(x_1) = \sum_{x_2=1}^{n_6} f_3(x_1, x_2) \quad (8\text{-}39)$$

$$f_{41}(x_1)(x_2) = \begin{cases} x_2, & f_4(x_1) = f_2(x_2) \\ 0, & f_4(x_1) \neq f_2(x_2) \end{cases}; \quad 1 \leqslant x_2 \leqslant n_6 \quad (8\text{-}40)$$

$$h_2 f_4(x_1) = \sum_{x_2=1}^{n_6} f_4(x_1, x_2) \quad (8\text{-}41)$$

$$\text{space}T(k)(m) = \begin{cases} \text{space}(m); & k < n_6, h_2 f_3(m) \leqslant k, k+1 \leqslant h_2 f_4(m) \\ \text{space}(m); & k < n_6, h_2 f_3(m) \leqslant k, h_2 f_4(m) < h_2 f_3(m) \\ \text{space}(m); & k < n_6, h_2 f_3(m) > k, k+1 \leqslant h_2 f_4(m) \leqslant h_2 f_3(m) \\ \text{space}(m); & k = n_6, h_2 f_4(m) < h_2 f_3(m) \\ 0; & \text{otherwise} \end{cases}$$

$$(8\text{-}42)$$

$$\text{buffer}T(k)(m) = \begin{cases} \text{buffer}(m); & k < n_6, h_2 f_3(m) \leqslant k, k+1 \leqslant h_2 f_4(m) \\ \text{buffer}(m); & k < n_6, h_2 f_3(m) \leqslant k, h_2 f_4(m) < h_2 f_3(m) \\ \text{buffer}(m); & k < n_6, h_2 f_3(m) > k, k+1 \leqslant h_2 f_4(m) \leqslant h_2 f_3(m) \\ \text{buffer}(m); & k = n_6, h_2 f_4(m) < h_2 f_3(m) \\ 0; & \text{otherwise} \end{cases}$$

$$(8\text{-}43)$$

$$\text{space}O(j)(k) = \sum_{m=1}^{n_7} \text{space}T(k)(m) \quad (8\text{-}44)$$

$$\text{buffer}O(j)(k) = \sum_{m=1}^{n_7} \text{buffer}T(k)(m) \tag{8-45}$$

因此，对于 path(j)，如果 AGV 满足限制条件公式(8-46)和公式(8-47)，则将其分配给该非加工任务，并将 AGV 的路径更新为 path(j)。

$$\max_{k=1,2,\cdots,n_6} \{\text{space}O(j)(k)\} \leqslant \text{space} \tag{8-46}$$

$$\max_{k=1,2,\cdots,n_6} \{\text{buffer}O(j)(k)\} \leqslant \text{buffer} \tag{8-47}$$

如果 pathSeq 中的所有路径都不符合上述两个条件，则表示 AGV 没有足够的资源来执行该非加工任务，领导者将不会将此任务分配给 AGV。

8.5　仿真结果与分析

在本节中，我们通过 MATLAB 仿真来评估数据分层传输方案的性能。在数据分层传输方案中，除了生产任务之外，移动智能体还需要执行数据传输任务，实验假设所有低优先级数据都能成功地通过移动智能体进行传输。

8.5.1　度量指标和初始值设定

本章采用数据传输和能耗指标来评估方案的性能。实验中，不同的数据在 WFN 节点通过时分多址的技术进行传输，其超级帧周期和最小数据传输截止时间用来作为反映 WFN 数据传输效率的指标。它们可以分别通过式(8-48)和式(8-49)来计算。其中 T 表示超级帧周期，$D_{\min}$ 表示最小数据传输截止时间，D_h 表示高优先级消息的相对截止时间，C 表示消息周期，n_{lp} 表示在每个超级帧允许现场总线节点执行的最低优先级消息循环的最大数量，τ 表示逻辑延迟。

$$T \geqslant \sum_{k=1}^{n} \sum_{i=1}^{nh(k)} C + \sum_{k=1}^{n} (nlp \times C) + \tau + \max_{k=1,2,\cdots,n} \left\{ \sum_{i=1}^{nh(k)} C \right\} \tag{8-48}$$

$$D_{\min} = \min_{i,k} \{D_{h_i^{(k)}}\} \geqslant \sum_{k=1}^{n} \sum_{i=1}^{nh(k)} C + \sum_{k=1}^{n} (nlp \times C) + \tau \tag{8-49}$$

本章采用单位能耗数据传输量作为度量 WSN 能源使用效率的指标，主要公式如式(8-50)和式(8-51)所示。其中 E_S 表示节点每秒发送数据的能耗，E_R 表示每秒接收数据的能耗，l 表示每秒传输的数据量，d 表示传输距离，E_{elec} 表示传输 1bit 数据的能量损耗，ε_{amp} 是传输放大器。

$$E_S = l \times E_{\text{elec}} + l \times d^2 \times \varepsilon_{\text{amp}} \tag{8-50}$$

$$E_R = l \times E_{\text{elec}} \tag{8-51}$$

我们在仿真实验中使用表 8-5、表 8-6 和如下默认设置。每次仿真具有 $40 \times e$ 个加工单元,其中包含 $10 \times e$ 个复合加工单元和 $30 \times e$ 个原子加工单元,随机分布在 $100\ \text{m} \times 100\ \text{m}$ 的车间区域,e 为比例系数。每个原子加工单元周围有 3 个传感器节点,复合加工单元周围有 6 个传感器节点。实验假设加工单元和其相应的传感器节点在通信范围内。现场总线节点之间的最大通信距离为 25 m。传感器节点之间的最大通信距离为 18 m。

表 8-5 数据默认设置

变量	分 层 传 输		非分层传输	
	原子加工单元	复合加工单元	原子加工单元	复合加工单元
D_h	50 ms	100 ms	50 ms	100 ms
C	2 ms	4 ms	2.3 ms	4.6 ms
nlp	3	3	0	0
τ	0.1 ms	0.1 ms	0.1 ms	0.1 ms

表 8-6 能耗默认设置

变量	值
l	100 bit
E_{elec}	60×10^{-6} J/bit
ε_{amp}	10×10^{-7} J/(bit$\times$m^2)

8.5.2 仿真结果

如图 8-6 所示,数据分层传输方案的超级帧周期比传统方案小(约为 1/2)。因此,分层网络发送给基站高优先级数据所需的时间比非分层网络的要少(约为 1/2)。这是因为在分层数据传输方案中,低优先级数据由移动智能体传输,因此现场总线可以为高优先级数据分配更多的资源,从而使得高优先级数据实现了双倍的传输效率。至于最小数据传输截止时间,它与超级帧周期相似,减少了约一半。

图 8-7 给出了能耗指标。数据分层传输方案比传统方案实现了更好的能源使用效率,提高了约 4 至 5 倍。因此,相同的能耗下使用数据分层传输方案

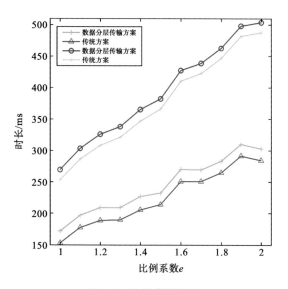

图 8-6　数据传输效率

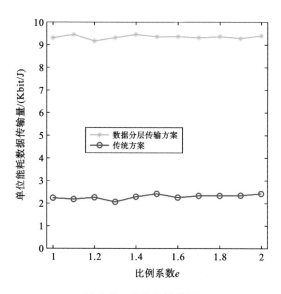

图 8-7　能源使用效率

可以传输更多的数据。能耗的大幅降低主要是因为使用数据分层传输方案时，数据的传输只需要经过较少数据转发跳数。相比之下，传统方案通过覆盖整个车间的无线传感器网络来传输数据，将导致更高的能量消耗。

8.6 本章小结

为了适应智能工厂的发展趋势和需求,本文提出了一种将 WFN、WSN 和移动智能体集成在一起的数据分层传输方案,为不同优先级的数据提供不同的数据传输方式,提高了 WSN 的能源使用效率和 WFN 的数据传输效率,从而进一步提高了车间网络的抗毁性能。相应地,本章还提出了一种用于该方案的移动智能体(AGV)调度方法。实验表明,数据分层传输方案在数据传输和能耗指标方面都取得了良好的表现。

本章参考文献

[1] Wollschlaeger M,Sauter T,Jasperneite J. The Future of Industrial Communication:Automation Networks in the Era of the Internet of Things and Industry 4.0[J]. IEEE Industrial Electronics Magazine,2017,11(1):17-27.

[2] Jazdi N. Cyber physical systems in the context of Industry 4.0[C]//IEEE International Conference on Automation,Quality and Testing,Robotics. IEEE,2014:1-4.

[3] Zhou K,Liu T,Zhou L. Industry 4.0:Towards future industrial opportunities and challenges[C]// Proceedings of the 12th IEEE International Conference on Fuzzy Systems and Knowledge Discovery (FSKD). 2015:2147-2152.

[4] Hadded M,Muhlethaler P,Laouiti A,et al. TDMA-based MAC protocols for vehicular adhoc networks:a survey,qualitative analysis,and open research issues[J]. IEEE Communications Surveys & Tutorials,2015,17(4):2461-2492.

[5] Yanhong Y,Xiaotong Z,Qiong L,et al. Dynamic time division multiple access algorithm for industrial wireless hierarchical sensor networks[J]. China Communications,2013,10(5):137-145.

[6] Yang D,Xu Y,Wang H,et al. Assignment of segmented slots enabling reliable real-time transmission in industrial wireless sensor networks[J]. IEEE Transactions on Industrial Electronics,2015,62(6):3966-3977.

［7］ Wan J，Yi M，Li D，et al. Mobile services for customization manufactur-
ing systems：an example of industry 4. 0［J］. IEEE Access，2016，4：
8977-8986.

［8］ Tovar E，Vasques F. Real-time fieldbus communications using profibus
networks［J］. IEEE Transactions on Industrial Electronics，1999，46(6)：
1241-1251.

第9章
抗毁性仿真测试平台

仿真测试与实际测试是当前评价工业无线传感器网络性能与验证所提理论方法有效性的主要测试途径。但针对工业无线传感器网络抗毁性问题,这两种途径具有以下局限性:① 采用仿真测试方法尽管能够帮助用户借助仿真平台快速地对系统方案或理论方法进行验证,但现有的仿真平台如 OPNET、NS-2/3、OMNET++等,均将一般的无线网络作为仿真对象,并未考虑部署环境与突发事件对网络性能的影响。而工业无线传感器网络作为部署在实际环境中受事件驱动的复杂网络系统,其抗毁性能与周边环境和突发事件密不可分[1,2]。因此借助已有的仿真平台,难以对工业无线传感器的网络抗毁性能展开仿真分析与测试;② 实际测试能够真实反映环境对网络性能的作用效果,但它一方面难以满足大规模部署案例的需要,另一方面一旦部署将会变得更困难,难以根据用户的需要快速调整测试类别。除此之外,对于验证网络在高温、高湿等恶劣环境或遭遇恶意入侵等突发事件时的抗毁性能,搭建实际测试环境难度较大且建设成本相对高昂。本章面向工业无线传感器的网络抗毁性,考虑外部环境与突发事件对网络性能的影响,研究并搭建抗毁性仿真平台 ISNISP(industrial sensor network invulnerability simulation platform)。

9.1 研究现状

当前可用于无线传感器网络的仿真平台众多,包括:NS-2[3]、OMNET++[4]、OPNET[5]、GLoMoSim[6]、TOSSIM[7],等等。

(1) NS-2 主要用于 OSI 分层模型的网络仿真,因其开源,有众多研究者围绕 NS-2 进行功能扩展,使其能够支持传感器网络协议栈、能耗模型等,但在 NS-2 编程过程中通常涉及跨层设计。仿真难度与工作量相对较大。

(2) OMNET++是一种基于组件的模块化网络仿真平台,具备完善的图形界面接口,用户可以快速完成网络参数配置。但其对无线传感器网络协议栈及个体节点模型的支持程度较低,需要进行额外的二次开发。

(3) OPNET 是一种基于离散事件驱动的通用网络仿真平台,对数据分组、节点/链路类型、应用场景、网络拓扑均有较为完善的组件支持,但缺少对传感器网络能耗属性的考虑,无法对网络进行能耗评价。

(4) GloMoSim 是适用于 OSI 分层模型的离散事件网络仿真系统。与 NS-2 不同,GloMoSim 在分层模型中引入标准 API 函数接口,极大地降低了跨层设计的复杂度。但在 GloMoSim 中,网络场景采用网格化环境,节点依照所处位置进行功能属性划分,无法进行网络级抽象算法的仿真。

(5) TOSSIM 是一种专门面向无线传感器网络的仿真平台,能够将 TinyOS 环境下的 NesC 代码直接编译为可在 PC 环境下运行的可执行文件。但其缺点是所有节点的程序代码必须相同,无法对异构网络场景进行仿真。

通过上述描述,不难发现,尽管相关仿真平台众多,多是针对传感器网络中的物理信道特征、节点能耗与数据链路协议时延等特性的分析,但普遍没有考虑外部环境和突发事件(如节点故障/链路中断)对传感器网络性能的影响,因而无法有针对性地开展网络抗毁性分析。

9.2 平台体系架构

ISNISP 作为典型的由事件驱动的仿真平台,采用模块化架构开发。具体平台构成见图 9-1。

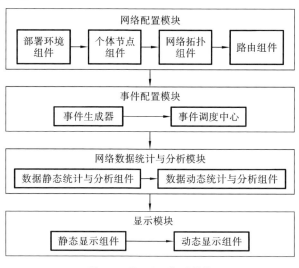

图 9-1 ISNISP 体系结构

（1）网络配置模块　用于对包括网络拓扑、节点性能、路由协议、部署环境等在内的各种参数组件进行配置,用户需根据测试网络对象的不同进行个性化设置。

（2）事件配置模块　网络在应对不同类型事件(如节点随机失效、网络遭遇恶意入侵与部分节点读数失真等)时,所表现出的抗毁性能(如容错性与容侵性)具有明显差异。用户应根据测试网络对象在实际情形中所可能遭遇的突发情形,对触发事件进行配置。

（3）网络数据统计与分析模块　负责网络实时状态信息的统计与分析,并输出对应结果。

（4）显示模块　通过用户的友好方式显示分析结果,可细分为动态显示组件与静态显示组件,分别用于显示实时网络状态信息与最终分析结果。

9.3　功能模块设计

本节将分别介绍 ISNISP 平台中的各个组件构成与功能。

9.3.1　部署环境组件

在网络运行过程中,传感器节点一方面需要感知外部环境,另一方面自身功能运作受周边环境的影响。此类环境参数均由用户配置完成后的部署环境组件提供。部署环境组件由 Environment 类实现(见图 9-2)。不同的环境因素分别对应该类的不同实例化对象。平台默认包含温度、湿度与周边障碍物,用户还可根据需要,自定义新的环境因素。以温度(temperature)为例,依照图 9-3进行实例化配置,即可生成在温度区间[−20,40]℃内网格颗粒度为 100 的温度分布图,且在下一时刻,各网格内的数值将在原有基础上随机浮动 1%,但不超出温度的上下限要求。为了方便操作,用户不需要直接编写代码,仅需通过平台界面,键入相关设置参数,即可完成与温度相关的环境设置,具体界面见图

```
1. classdef Environment
2.   properties
3.     T_max= 0//最大值
4.     T_min =0//最小值
5.     Variation=0//变化率
6.     MapGrid=[10,10] //环境分布网格颗粒度
7.   end
8. end
```

图 9-2　Environment 类

9-4。同理,对于障碍物等静态环境因素,变化率 Variation 默认为 0,即不随时间变化而发生改变。用户也可根据自身需要,载入包含矩阵 $l \times l$ 的. txt 文档,生成所需环境分布。对于该输入矩阵,第 p 行 q 列的元素数值即代表该地图分别沿 x 轴与 y 轴方向坐标为 (p, q) 的网格内的环境值。l 为网格颗粒度,l 越大,则环境地图绘制精度越高。

```
1. methods
2.    function td = Environment (T_max, T_min, MapGrid, Variation)
3.       if nargin > 0
4.          Environment. T_max =40;//温度最大值为40℃
5.          Environment. T_min =−20; //温度最小值为−20℃
6.          Environment.MapGrid=100; 温度分布网格颗粒度100×100
7.          Environment.Variation=0.01;系统运行时刻温度变化率±1%
8.       end
9.    end
10.  end
```

图 9-3   Environment 类温度实例

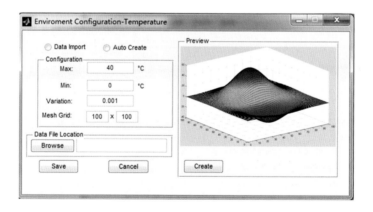

图 9-4   部署环境组件界面

9.3.2   个体节点组件

用于对个体节点的位置、能量与传输半径等物理属性进行配置。对于工业无线传感器网络而言,除节点布设位置不同外,节点初始能量也可能存在明显差异。因此,在该组件中,将节点位置与初始能量作为个性化设置参数,即在添加节点阶段,用户需要为不同节点分别配置角色、位置与初始能量信息。考虑大规模网络仿真的需要,用户可选择依照随机分布生成节点位置和依照正态分布分配网络内各节点初始能量。除个性化设置外,考虑传感器节点通常的硬件同构,将能耗模型、故障概率模型与传输半径作为共性设置,即用户完成参数配置后,全网节点均依照该参数完成相关功能配置。个体节点组件功能配置如图9-5所示。对于能耗模型与故障模型,平台提供多种经典模型供用户选择,用户也可根据需要自行添加。具体操作界面如图9-6所示。

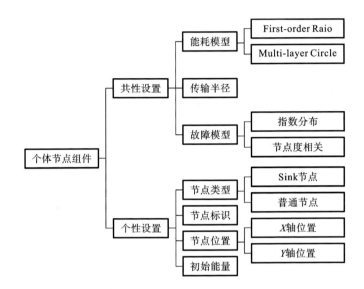

图 9-5　个体节点组件功能配置

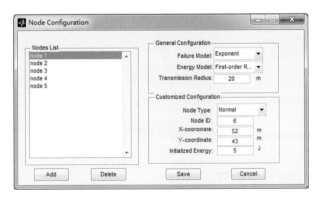

图 9-6　个体节点界面

9.3.3　网络拓扑组件

在个体节点布设完成的基础上,根据用户需要生成网络拓扑。正如前文所述,网络拓扑是影响工业无线传感器网络抗毁性能的关键因素。因此,在结合现有研究的基础上,网络拓扑组件集成了多种拓扑演化模型,如图9-7所示。在选定演化模型后,用户仅需完成相关参数配置,即可生成相应拓扑。

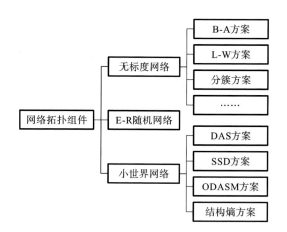

图 9-7　网络拓扑组件功能配置

9.3.4　路由组件

用于配置与网络数据传输相关的各种路由参数,具体包括:消息体积、消息发送频率、链路丢包率与路由协议等。当网络拓扑构建完成,路由协议设计得合理与否是决定网络能否满足工业场景性能需求的关键因素。路由组件集成了LEACH[8]在内的多种经典路由协议(见图9-8)。与生成网络拓扑类似,用户在调用某种路由协议前,仍需完成相关路由参数配置。

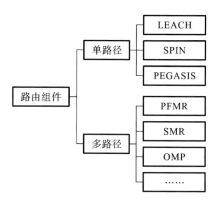

图 9-8　路由组件功能配置

9.3.5 事件生成器

用于模拟网络在运行过程中可能出现的突发事件。为充分验证工业无线传感器网络应对不同紧急事件的抗毁性能,平台提供四种事件类型:节点故障事件、恶意入侵事件、链路中断事件与区域报警事件。在完成事件类型选择后,用户还需对事件发生方式做相关配置。用户可选择概率事件发生方式与定时事件发生方式。概率事件发生方式是指事件以离散方式依概率在系统每单位时刻发生。以节点故障事件为例,当用户设置事件发生概率 $p=0.01$,则认定系统中的节点在每单位时刻发生故障的概率为 0.01。定时事件发生方式是指在用户指定时刻事件发生。用户应配置事件时刻 t 与事件规模 S。同样,对于节点故障事件,当 $t=50,S=20$,则认定网络运行至第 50 个单位时间步,网络内有 20 个节点发生随机失效。事件生成器操作界面见图 9-9。

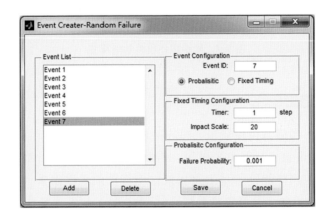

图 9-9　事件生成器操作界面

9.3.6 事件调度中心

用于支配运行多个事件。对于工业无线传感器网络而言,因其所处环境具有高度复杂不确定性,存在多个事件发生可能。因此,当用户需要针对这样一种复杂情形验证网络抗毁性时,需借助事件调度中心对多个事件进行调度,避免事件发生冲突。由事件发生器所产生的所有事件均被封装至事件调度中心,随后由调度中心对事件进行排序。当网络仿真进程开始,事件依照该序列发生。对于不同类型的事件,系统默认事件优先级为:恶意入侵>区域报警>节点故障>链路中断。对于不同事件发生方式,系统默认事件优先级为:定时事件发生方式＞概率事件发生方式。用户也可根据自身需要修改优先级排序。举例说明,当事件调度中心插入如表 9-1 所示的多个事件时,事件排序如图 9-10 所示。

表 9-1　突发事件示例

事 件 编 号	事 件 类 型	事件发生方式	参　　数
Event 1	节点故障事件	离散概率	$p=0.02$
Event 2	恶意入侵事件	定时	$t=50, S=20$
Event 3	链路中断事件	离散概率	$p=0.01$
Event 4	区域报警事件	定时	$t=55, S=50$

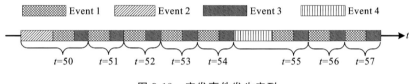

图 9-10　突发事件发生序列

9.3.7　数据静态统计与分析组件

用于分析完整系统运行过程当中的网络状态信息,并将数据上传至静态显示组件。具体功能配置如图 9-11 所示。

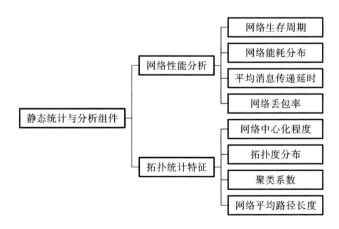

图 9-11　数据静态统计与分析组件功能配置

9.3.8 数据动态统计与分析组件

用于统计当前时刻网络状态信息,并将数据上传至动态显示组件,帮助用户了解网络实时运行情况。具体功能构成如图 9-12 所示。

图 9-12 数据动态统计与分析组件功能配置

9.3.9 静态/动态显示组件

以用户友好方式分别显示网络静态与动态信息。其中,动态显示组件以嵌入方式固定在前端界面。而静态显示组件均是通过用户点击相关功能按键,以弹窗方式显示。

9.4 仿真流程设计

在 ISNISP 平台中,尽管各个组件功能不同,但彼此间仍存在明显的时序关联。具体操作时序如图 9-13 所示。

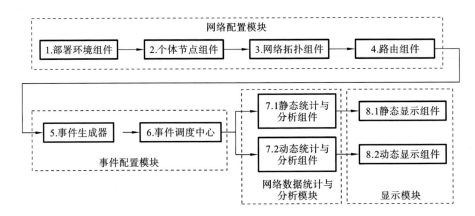

图 9-13 仿真流程

当用户构建网络时,应首先完成网络环境搭建。因为若用户首先使用个体
节点组件完成新入节点注册,然后再使用部署环境组件模拟实际场景时,需要
注册的相关区域被障碍物占据或因环境因素不适合部署节点,将可能导致已添
加的节点位置信息与实际场景发生冲突。所以,用户应首先利用部署环境组件
完成网络环境搭建。此时,部署环境组件将发送消息 Msg＜Occupy_location＞
至个体节点组件。Msg＜Occupy_location＞包含被占用网格的位置信息。当
用户在使用个体节点组件时,若键入位置位于被占用网格内,则平台弹出窗口,
提醒用户重新选择节点位置。对于网络拓扑而言,节点传输半径是决定其结构
的核心要素之一,因此仅当用户通过个体节点组件完成传输半径设置后,后续
网络拓扑组件方被启用。同理,网络拓扑是消息路由选择的基础。因此,在网
络配置模块中,路由组件被置于最后。当用户完成网络配置后,用户仅需要在
事件生成器中注册相关事件,即可开始仿真。

9.5 用户界面设计

为提供良好的用户体验,ISNISP 平台采用主流的功能分区界面设计,系统
运行主界面如图 9-14 所示。

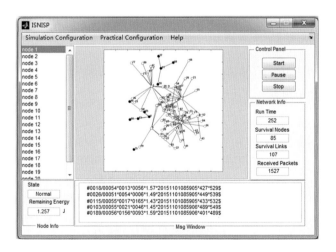

图 9-14 ISNISP 界面

（1）功能区域 分别用来显示网络各个功能模块。点击各个功能模块,则
通过菜单弹出方式显示模块所对应的功能组件。继续点击功能组件,则弹出对

应的配置对话框。用户键入参数,点击保存即可完成组件配置。

(2)操作区域　负责程序启停操作。

(3)主显示区域　负责显示当前网络拓扑的实时状态信息。

(4)副显示区域　负责显示包括当前网络运行时刻、剩余可用节点数量等动态信息。

(5)节点列表　罗列网络内的各个节点,点击对应节点,在下方区域显示该节点的状态与能量信息。

9.6　节点故障与外部环境关联设定

正如前文所述,抗毁性仿真平台最为明显的特征在于建立了传感器网络与外部环境的关联关系,从而使平台能够有效量化外部环境对网络性能的影响。在 ISNISP 平台中,节点受环境影响可划分为两个情形。① 故障失效:节点受环境影响而完全停止工作,如节点遇高温,内部元器件被烧毁。② 性能衰减:节点受环境影响,工作性能出现明显下降,但仍可持续工作,如节点受外部干扰,丢包率明显升高。

为量化环境因素对网络性能影响,在 ISNISP 平台中,首先基于人工势场理论,采用 5.2 节所述方法,完成环境势场搭建。最终可得 $U_{\text{multi}}(i)$。

9.6.1　故障概率函数

针对多环境因素对节点故障发生概率所造成的影响,以环境场势值作为输入,搭建故障概率函数 $P_f(i)$,有

$$P_f(i) = e^{-\lambda U_{\text{multi}}(i)} \tag{9-1}$$

式中:λ($\lambda > 0$)为故障调节系数,用于调节节点 i 故障发生的概率受环境因素影响的波动程度。λ 取值越大,则节点故障行为与外部环境关联越弱。节点故障概率与节点所处环境密切相关,因此节点 i 的故障概率函数 $P_f(i)$ 将节点 i 所处环境场 $U_{\text{multi}}(i)$ 作为输入。由于多数电子产品寿命分布一般服从指数分布,对指数分布一般形式 $f(x) = \lambda e^{-\lambda x}$ 进行缩放操作,使节点故障概率具备典型指数分布特征,且满足条件:故障概率分布区间为[0,1]。如图 9-15 所示,当节点环境场势值较大时,发生故障概率较低。随着势值的减小,故障发生概率逐渐升高,且上升速率明显增大,满足节点受环境因素影响而故障概率上升的一般描述。在 ISNISP 平台中,综合考虑传感器节点故障特征,初始设定 $\lambda = 10$。

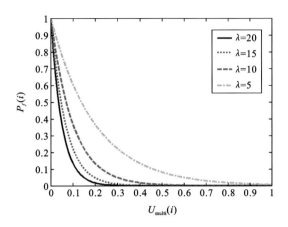

图 9-15　节点故障发生概率

9.6.2　性能衰减函数

针对多环境因素对节点性能所造成的负面影响,以环境场势值作为输入,将节点丢包概率作为输出,搭建性能衰减概率函数 $P_d(i)$ 为

$$P_d(i) = 1 - U_{\text{multi}}(i)^{\alpha} \qquad (9\text{-}2)$$

式中: $\alpha(\alpha > 0)$ 为性能衰减系数,用于调节节点 i 丢包概率受环境因素影响的波动程度。在 ISNISP 平台中,节点丢包概率被设定为所接收数据包不被转发至下一跳节点的概率。α 取值越大,则丢包概率与外部环境关联越明显。当 $\alpha = 1$ 时,节点丢包概率与环境场势值呈线性关系。具体函数曲线见图 9-16。

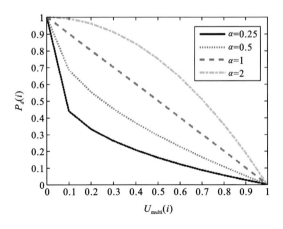

图 9-16　性能衰减概率函数

9.7 平台性能测试

在本章中,首先将 ISNISP 平台与 NS-2 网络仿真平台进行对比测试,已验证平台仿真精度。随后,选取某个典型工业场景,测试平台抗毁性功能。

9.7.1 对比性能测试

在实例测试环节,选取当前应用最为广泛的 NS-2 网络仿真平台作为参考对象,选取 LEACH 协议下,网络生命周期与 Sink 节点接收数据包数量作为测试对象。由于 NS-2 平台并未考虑部署环境与突发事件对网络性能的影响,则在测试中对 ISNISP 平台的部署环境组件与事件配置模块也不做相关设置。网络与路由参数设定见表 9-2,网络拓扑如图 9-17 所示。

表 9-2　网络与路由参数设定

参　　数	取值	参　　数	取值
网络节点规模	200	簇头比例	20%
网络布设区域/m²	100×100	数据包长/bit	400
节点通信半径 R/m	20	随机生成消息概率	0.05
Sink 节点坐标/m	(50,50)	节点初始能量/J	5

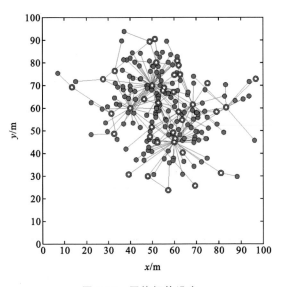

图 9-17　网络拓扑设定

如图 9-18 所示,在 Sink 节点接收数据包数量这一指标上,NS-2 平台测得的数据略低于 ISNISP 平台。这是由于 NS-2 平台在 MAC 层设计中考虑了可能存在的信道冲突问题,在一定程度上增加了数据丢包的可能。如图 9-19 所示,在网络生存周期指标上,ISNISP 平台与 NS-2 平台表现相近。总体而言,两平台所测得的数据差异并不明显,这也进一步验证了 ISNISP 平台的测试精度。

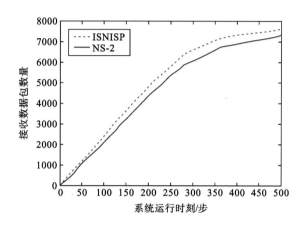

图 9-18　接收数据包数量

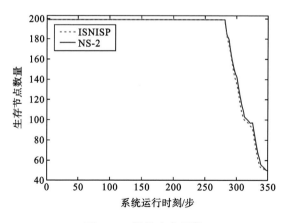

图 9-19　网络生存周期

9.7.2　抗毁性功能测试

在抗毁性功能测试环节,以图 9-17 所示拓扑为对象,以某工业生产线为场景,建立如图 9-20 所示的环境场,并分别选取 LEACH[8] 与 OMP[9] 作为对比路由算法。其他参数与表 9-2 保持一致。

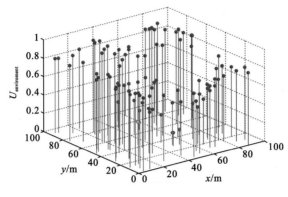

图 9-20　环境场分布

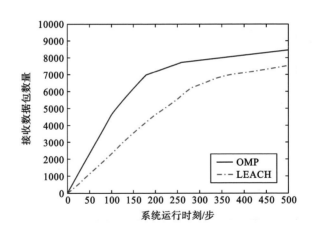

图 9-21　接收数据包数量

　　如图 9-21 所示,OMP 在接收数据包数量上优于 LEACH。显然,根据二者的路由机制差异,OMP 属于典型的多路径容错路由,消息沿不相交多路径进行传递,与 LEACH 依赖单一路径相比,路由抗毁性能更优,因而 Sink 节点端能够接收更多数量的数据包。如图 9-22 所示,OMP 在生存节点数量指标上依旧表现更优。不难理解,与 LEACH 相比,由于 OMP 采用多路径传输,从而有效避免了数据传输过度依赖单一路径,网络能耗均衡性更优,因而网络生存周期得到明显延长。

　　根据以上分析结果,ISNISP 平台能够较好地反映路由算法抗毁性能差异,从而为后续路由算法改进提供理论支持。

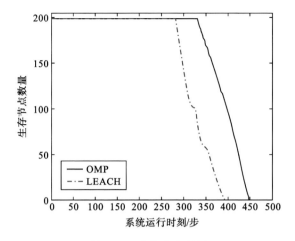

图 9-22 生存节点数量

9.8 本章小结

现有无线传感器网络仿真平台并未考虑部署环境与突发事件对网络性能的影响,导致难以进行工业无线传感器网络抗毁性能测试。本章提出一种工业无线传感器网络抗毁性仿真平台 ISNISP,该平台引入了全新的场景设置与事件触发机制,帮助用户在仿真条件下也可完成网络抗毁性能测试。除此之外,平台集成了多个网络抗毁性相关功能模块,用户可便捷地获得网络容错、容侵、数据丢包与能耗等抗毁性指标参数。

目前平台仅集成了包括 LEACH 在内的经典路由协议,在未来的工作中,平台将着重围绕平台扩展性开展工作,降低用户将自有算法植入平台的难度。

本章参考文献

[1] 李文锋,符修文. 无线传感器网络抗毁性[J].计算机学报,2015,38(3):625-648.

[2] 符修文,李文锋. 基于局域世界的无线传感器网络分簇演化模型[J].通信学报,2015,36(9):205-213.

[3] 郑辑光,汪志伟,曹建福. NS-2 中的无线噪声干扰模型拓展[J]. 系统仿真学报,2014,24(5):1015-1020.

［4］ Varga A，Hornig R．An overview of the OMNeT＋＋ simulation environ-ment［C］//Proceedings of the 1st IEEE International Conference on Simu-lation tools and techniques for communications，networks and systems ＆ workshops，2008：60-66.

［5］ 刘宴涛,徐静,夏桂阳，等．一种基于 OPNET 的 CAN 总线仿真系统［J］. 系统仿真学报,2016, 28(11):2692-2700.

［6］ Pandey A K，Fujinoki H．Study of MANET routing protocols by GloMo-Sim simulator［J］．International Journal of Network Management，2005，15(6)：393-410.

［7］ Stevens C，Lyons C，Hendrych R，et al．Simulating mobility in WSNs：Bridging the gap between NS-2 and TOSSIM 2. x［C］//Proceedings of the 13th IEEE/ACM International Symposium on Distributed Simulation and Real Time Applications，2009：247-250.

［8］ Heinzelman W R，Chandrakasan A，Balakrishnan H．Energy-efficient communication protocol for wireless microsensor networks［C］//Proceed-ings of the 33rd Annual Hawaii International Conference on System Sci-ences，2000:1-10.

［9］ Srinivas A，Modiano E．Minimum energy disjoint path routing in wireless ad-hoc networks［C］//Proceedings of the 9th ACM Annual International Conference on Mobile Computing and Networking，2008：122-133.

第 10 章
实验系统搭建与测试

为验证之前章节中所提的理论方法对于实际工业无线传感器网络系统抗毁性能的提升效果,选取实际工业场景,搭建实验系统对所提理论与算法性能进行实际验证。

10.1 实验系统

10.1.1 实验系统组成

实验系统所选用的工业无线传感器网络由自主研发的无线传感器节点与无线网关构成。

1. 无线传感器节点

在无线传感器节点的设计中,为保证低功耗,环境数据采集模块与射频发射模块相对独立。火灾探测模块内部集成烟雾传感器与温度传感器。环境数据采集模块集成光电式烟雾浓度传感器与 DS18B20 数字式温度传感器。探测器采用德州仪器公司出品的 CC2530 作为无线射频模块。探测器主控模块选用 ATMEL 公司的 Atmega128 作为主控器。主控器被占用资源包括:2 个 A/D 接口分别采样温度值与烟雾值;2 个 I/O 口分别控制 LED 指示灯与蜂鸣器;1 个 SPI 接口与 CC2530 相连。探测器采用 9 V 移动电源供电。无线传感器节点实物如图 10-1 所示,主要技术参数见表 10-1。

表 10-1 无线传感器节点主要技术参数

性 能 参 数	数值	性 能 参 数	数值
工作电压	DC 9 V	工作湿度	85%rh
静态电流	30 μA	有效监测面积	20 m²
报警电流	15 mA	可视距无线传输距离	70 m
工作温度	$-10\ ℃\sim50\ ℃$	报警分贝	90 dB

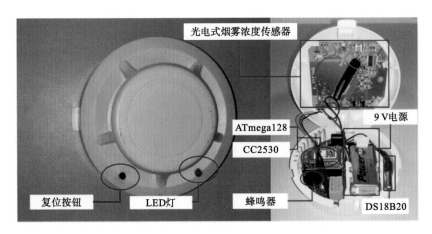

图 10-1　无线传感器节点实物图

2. 无线网关

在无线网关的设计中,采用 X210ii 高性能嵌入式设备作为开发底板。X210ii 自身集成有 4 路 USB 端口与 2 路 RS232 串口。为使网关具备强大的网络接入功能,分别占用 X210ii 两路 USB 端口与 WIFI 和 3G 无线通信模块相连,选用 1 路 RS232 串口与 Sink 节点相连,用于接收任务区域内无线传感器节点所采集的环境信息。为方便用户操作,选用 7 英寸电容触摸屏采用 4 线方式与主板相连。无线网关实物如图 10-2 所示,主要技术参数见表 10-2。

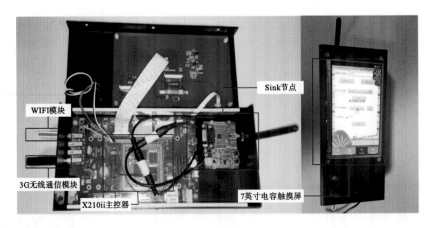

图 10-2　无线网关实物图

表 10-2　无线网关主要技术参数

性 能 参 数	数　　值	性 能 参 数	数　　值
工作电压	AC220 V	工作温度	−10 ℃～50 ℃
工作电流	1 A	工作湿度	85％rh
系统内存	512 Mb	系统响应时间	2 s
处理器频率	1 GHz	无线通信方式	3G/WIFI/Zigbee

10.1.2　实验系统搭建

所布设的工业无线传感器网络系统部署在某自动化流水生产线上。车间面积约为 1700 m²,区域中心放置了 12 层货架,周边布有传送、运输与分拣等诸多设备。在该区域内总计布设有 36 个无线传感器节点,所采集数据均汇聚至无线网关。无线网关借助 WIFI 将数据发送至同一局域网内服务器。在服务器端运行 ISNISP 平台,并调用相关功能完成实验数据分析。需要注意的是,受墙壁阻隔与设备众多等因素影响,无线传感器节点的传输距离受限,置于车间两端的无线传感器节点无法直接通信,必须借助多跳方式完成数据传输,使得该场景对网络拓扑与路由协议性能提出较高要求。工业无线传感器网络系统布局如图 10-3 所示。

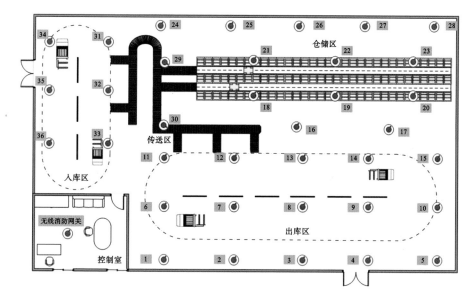

图 10-3　工业无线传感器网络系统布局

10.2 实验分析

在实际测试环节,对所布设的工业无线传感器网络系统的抗毁性能展开测试,具体内容包括:① 网络拓扑性能测试;② 路由性能测试;③ 容量优化性能测试;④ 故障检测性能测试;⑤ 故障诊断性能测试。

10.2.1 网络拓扑性能测试

由于实验现场节点数量有限,在本次测试中将初始网络规模设定为 10 个簇头节点。为保证后期加入节点能够在单跳通信范围内有尽可能多的可选连接对象,初始簇头节点在区域内分布较为均匀。考虑后期路由测试的需要,将初始网络连通度设为 2,即任意簇头节点均至少包含两条以上通路到达网络中其他任意节点。初始网络节点布局如图 10-4 所示。为模拟网络演化过程,在初始网络搭建完成后每隔 5 min,以随机选择方式开启一个节点使其加入网络。网络演化过程直到区域内所有的节点均加入网络后终止。初始节点与后期加入的节点电源均为全新。考虑到网络规模相对有限,在网络演化机制中去除能量因素与被选择删除概率影响。其他实验参数见表 10-3。图 10-6 为依照图

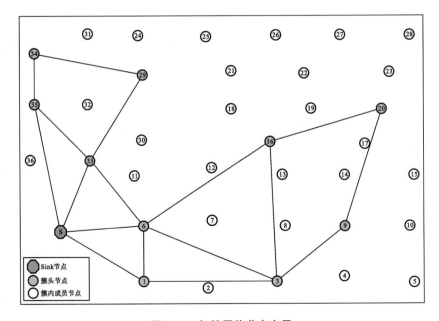

图 10-4 初始网络节点布局

10-5 内的节点开启顺序所生成的分簇无标度拓扑示意图。

表 10-3　拓扑演化机制参数

性 能 参 数	数 值
簇头比例 p	0.1
新增连接数 m	2
饱和度约束 k_{max}	15

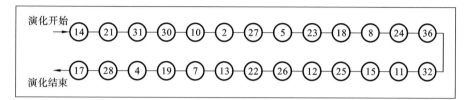

图 10-5　节点开启顺序

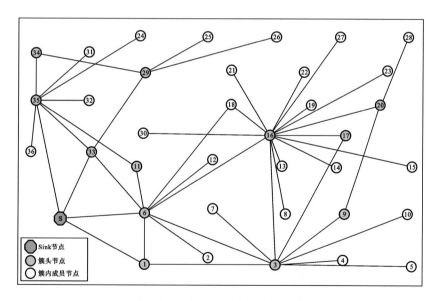

图 10-6　分簇无标度拓扑示意图

1. 度分布实验

图 10-7 所示为所生成分簇无标度拓扑度分布。此时网络中 63% 的节点度数为 1,网络节点平均度 $\langle k \rangle = 2.44$。网络中仅有簇头节点 16 满足饱和度约束 $k_{max}=15$。通过统计,不难发现,在图 10-6 中,度数排序前 4 的簇头节点(3、6、

16、35)占网络中约 47％ 的连接,表现出明显的度分布异质性。观察连接曲线,
网络度分布符合幂律分布特征。

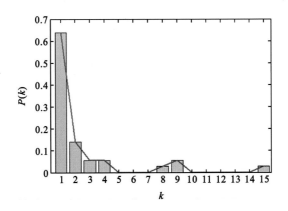

图 10-7　分簇无标度拓扑度分布

2. 容错性能测试

为验证分簇无标度演化模型的容错性能,选取第 3 章所提的分簇随机演化
模型作为参考。为保证测试有效性,两种演化模型中的节点加入网络的次序完
全一致。图 10-8 为所生成分簇随机拓扑示意图。为模拟随机失效情形,在每次
测试中随机关闭一定数量的节点。观察拓扑中仍可与 Sink 节点保持通信的节

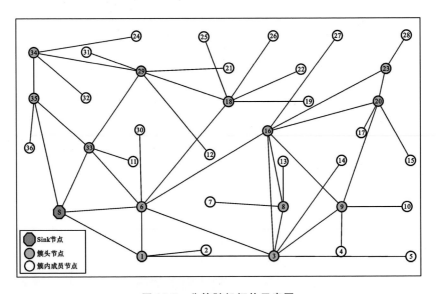

图 10-8　分簇随机拓扑示意图

点数量。图 10-9 为分簇无标度拓扑与分簇随机拓扑依照表 10-4 设定,移除节点后的网络容错性能对比示意图。

表 10-4   测试单元说明

测试序号	移除节点数量	移除节点 ID
1	2	18、23
2	4	1、9、26、36
3	6	3、7、18、22、29、31
4	8	2、7、8、15、19、26、29、35
5	10	1、3、7、10、12、16、19、20、24、34
6	12	5、7、10、11、19、23、28、29、30、31、35、36
7	14	1、2、4、8、11、13、21、23、24、25、29、31、34、35
8	16	2、7、8、9、11、14、18、19、20、22、26、28、30、31、33、35

如图 10-9 所示,分簇无标度演化模型的容错性能优于分簇随机演化模型。当移除节点数量较少时,在所生成的分簇无标度拓扑中剩余可用节点的连通性几乎不受影响。与之相比,分簇随机拓扑中剩余的可用节点数量伴随移除节点数量的增多呈明显下滑态势。当移除节点比例较大时,两种拓扑剩余节点的存活率均有明显下降。考虑在实际工业场景中,故障行为多为偶发行为,分簇无标度拓扑应对小规模随机失效的优良抗毁性能更能满足工业场景对于无线传感器网络抗毁性能的需要。

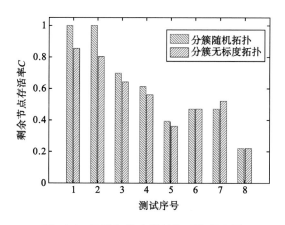

图 10-9   两种拓扑容错性能对比示意图

3. 长程连接布局策略性能测试

为验证第 3 章所提的长程连接布局策略对网络能耗均衡性的改善效果,选取 ODASM 策略作为参考。在现有的实验场景中,考虑到线缆布设存在实际困难,选择中继节点方式构造长程连接。具体实施方式为:将现有的部分无线传感器节点的内置天线升级为外置高增益天线,功率增益由原有的 2.9dBi 上升至 6dBi。升级后的节点无线通信范围较之前提升约 30%。选取升级后的节点作为长程连接端点,节点间所建立的无线链路作为长程连接。考虑到网络规模有限,新增长程连接数量设置为 2。判定阈值 δ_s 设为 0.06。依照两种策略增设长程连接后,网络布局如图 10-10 所示。在能耗测试前,将场景内的所有无线传感器节点均更换全新电源,并调整为高频传输模式,即每分钟发送 20 个数据包,统计时长涵盖 48 h。若 Sink 节点长时间未收到某个节点数据,则认定该节点能量耗尽或因通往 Sink 节点的有效链路中断而陷入连通性失效。消息路由算法选用本书第 5 章中所提的 PFMR 算法,具体路由参数设置见表 10-5。

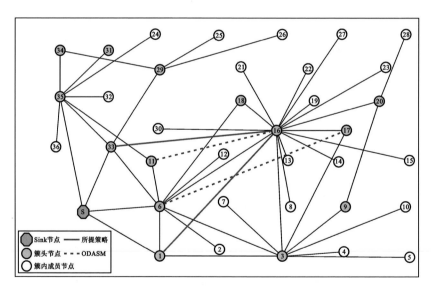

图 10-10 长程连接网络布局示意图

表 10-5 PFMR 算法路由参数设置

性能参数	数　值
势场调节系数 α	0.25
势场调节系数 β	0.25
全局维护定时器 T_{reset}/min	60

如图 10-11 所示,与未添加长程连接的情形相比,依照两种策略添加长程连接后网络的能耗性能均得到一定程度的改善。对于未添加情形,当网络运行至第 34 个小时,可正常工作的节点数量出现明显下滑。而此时,对于已添加长程连接的网络情形而言,网络内的全部节点均可正常工作。对比两种长程连接布局策略,本书第 3 章所提的长程连接布设策略优于 ODASM 策略。不难发现,尽管簇头节点 6 自身仅有少量簇内成员节点接入,但需要转发大量来自高度数簇头节点 3 和 16 的感知数据,使得节点自身能耗明显高于其他节点,将引发严重的能量空洞问题。根据所提策略布设长程连接后,节点 6 的通信负载由节点 1 与 33 共同分担,使能量空洞问题得到有效缓解。反观 ODASM 策略,尽管通过布设长程连接在一定程度上降低了网络因数据转发所带来的额外能量消耗,但网络能耗的不均现象并未得到明显改善。

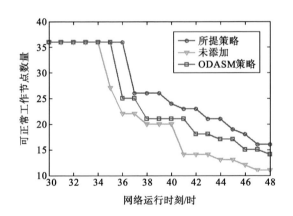

图 10-11 长程连接策略能耗表现对比示意图

10.2.2 容量优化性能测试

在现有实验场景中,由于所布设的工业无线传感器网络系统所发送的数据为环境数值及警告信息,不涉及图像、视频等复杂数据类型,无法模拟级联失效过程。因此,本节仍以所生成的实际分簇无标度拓扑(见图 10-6)为例,结合第 3 章所提的分簇级联失效模型进行容量优化理论性能测试。相关模型参数见表 10-6。

图 10-12 所示为当前分簇无标度拓扑中各个簇头节点的初始负载分布。簇头节点(如 1、9、11 等)因无簇内成员节点相连,仅拥有中继负载。尽管簇头节

点 16 的初始负载全网最大,但由于感知负载在其中所占份额较大,因节点失效对网络所产生的数据流量冲击仍将小于节点 6。

表 10-6　分簇级联失效模型参数设置

性 能 参 数	数　　值
调节系数 α	0.6
分配系数 A	0.5

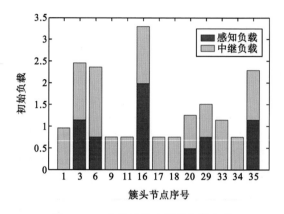

图 10-12　分簇无标度拓扑初始负载

如图 10-13 所示,三种扩容选择策略对网络级联失效抗毁性能的提升效果具有显著差异。其中,度小扩容策略(LSS)对网络抗毁性能的提升效果最优。

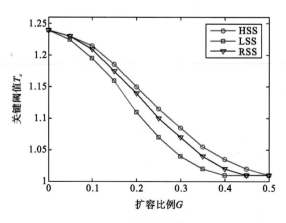

图 10-13　不同扩容选择策略性能比较

根据第 4 章的理论分析结果,当调节系数 $\alpha<1$ 时,网络中度数较小的簇头节点失效更容易触发级联失效过程。与度大扩容策略(HSS)和随机扩容策略(RSS)相比,度小扩容策略因扩容对象为拥有簇-簇连接数较少的簇头节点,所以能够更为有效地抑制网络内级联失效的发生。

　　如图 10-14 所示,度小分配策略(LDS)能够更为有效地提升网络抑制级联失效的能力。再一次验证了,针对 $\alpha<1$ 的情形,度数较小的簇头节点是决定网络应对级联失效抗毁性能的关键。根据分配系数 λ 的相关定义,可知:λ 越大表明用于网络扩容升级的硬件成本越高;伴随 λ 的增大,对级联失效抗毁性能的提升效果趋于减弱。因此,在对实际工业无线传感器网络系统进行扩容升级时,应合理设定新增容量的大小,避免造成成本浪费。

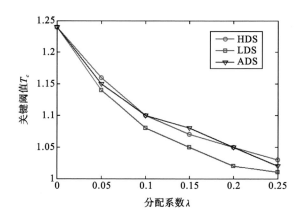

图 10-14　不同容量分配策略性能比较

10.2.3　路由性能测试

　　为验证第 5 章所提的 PFMR 路由算法的实际效果,选取经典路由算法 MSR 作为参考算法,测试仍基于当前所使用的分簇无标度拓扑。由于网络规模有限,常将多路径数量设为 1,其他参数与表 10-5 一致。在实验场景中,为模拟无线传感器节点因火灾发生所引起的性能下降现象,通过硬件编程使无线传感器节点可按照预先设定获得虚拟温度值,并将所获虚拟温度值与节点丢包概率相关联。节点丢包概率为节点将所接收数据包向下一跳节点转发的概率。具体关联设定如表 10-7 所示。

表 10-7　温度与节点丢包概率关联设定

温 度 范 围	节点丢包概率
0～60	0％
60～70	20％
70～80	40％
80～90	60％
90～100	80％
≥100	100％

不难理解,根据表 10-7 设定,当无线传感器的节点感知温度范围处于 0～60 ℃时,认定探测器的运行不受温度影响,因而无丢包行为发生。伴随着温度升高,节点丢包概率逐渐上升。当温度为 100 ℃时,认定节点因毁坏而无法转发数据,丢包概率增至 100％。通过以上设定,能够较好地将外部环境因素与节点传输性能相关联,为下一步测试路由抗毁性能提供良好的实验条件。在测试环节,以 30 min 为一个测试单元,分别测试连续 5 个单元的数据包接收数量。节点消息频率为 2 次/分钟。在每个测试单元均预先选取部分无线传感器节点完成虚拟温度变化参数设定(见表 10-8)。

表 10-8　虚拟温度变化参数设定

测试单元序号	节点序号	定时器	升速
1	无		
2	11	15 min	2 ℃/min
	9	20 min	2 ℃/min
3	6	10 min	5 ℃/min
	3	20 min	4 ℃/min
4	34	10 min	2 ℃/min
	9	25 min	3 ℃/min
	18	15 min	4 ℃/min
5	1	5 min	5 ℃/min
	6	20 min	2 ℃/min
	9	25 min	6 ℃/min
	16	10 min	4 ℃/min

如图 10-15 所示,在不考虑外部环境干扰的情形下(测试单元 1),两种路由算法所接收的数据包数量大致相同,表明在正常情形下,两种路由算法的性能差异不大。伴随后续测试单元中环境干扰事件的增多,两种算法路由性能均有一定程度的下滑。但 PFMR 算法在相同测试单元内所接收数据包的数量明显高于 MSR 算法,表现出了更强的抗毁性能。这是由于 PFMR 算法将外部环境因素作为路由选择的重要依据,使得算法能够动态规避危险环境区域,降低消息丢包概率。

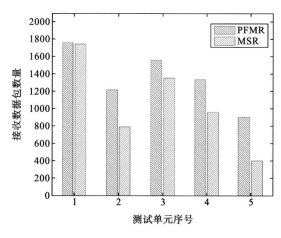

图 10-15 接收数据包数量

10.2.4 故障检测性能测试

测试对象为本书第 6 章所提的 FDTS 故障诊断算法,选取分簇检测算法 ODAC 作为参考算法。为模拟无线传感器节点真实的故障行为,仍通过在探测器内部利用定时器触发方式生成虚拟故障数据。在具体测试环节,针对四种典型工业场景中的常见故障类型分别进行 10 次独立测试。具体故障模拟方式见表 10-9,FDTS 算法与 ODAC 算法的具体参数设置见表 10-10。

表 10-9 故障模拟方式

故障类型	故障模拟方式
离群点故障	每单位时刻采集数据有 20% 的概率被替换为区间[0,30]内的随机数
偏移故障	每单位时刻采集数据分别叠加区间[0,10]内的随机数
固定值故障	采集数据固定为故障触发前一时刻采集的真实温度值
高噪声故障	每单位时刻采集数据分别叠加区间[10,20]内的随机数

表 10-10　故障检测算法参数设置

算　法	参　数	数　值
FDTS	趋势相似性阈值 θ	0.7
	中心一致性阈值 δ	0.15
ODAC[1]	一致性阈值 ε	0.6

1. 故障检测精度测试

故障检测触发方式统一设定为内部定时触发方式。若首次检测未成功,则认定检测失败。

如图 10-16 所示,FDTS 算法的总体检测性能优于 ODAC 算法,其中针对固定值故障与高噪声故障,故障检出率为 100％。这是由于在这两种故障类型中,连续时间片段内的数据趋势已被破坏,使得以趋势相关性作为主要检测依据的 FDTS 算法对故障行为更为敏感,从而具备了较好的检测精度。而对于离群点故障,FDTS 算法因引入邻域中值判定,检测精度仍高于 ODAC 算法。对于偏移故障,两种算法的检测精度相当,但因数据趋势大致未变,且邻域内的数值差异相对较小,故导致故障检测精度与其他三种故障类型相比,有一定幅度下滑。

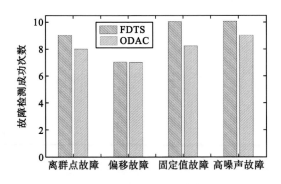

图 10-16　故障检测成功次数

2. 故障检测触发机制性能测试

在原有内部定时故障检测触发方式的基础上,引入第 6 章所提的基于三次指数平滑法的故障检测触发机制,验证其对故障响应时间的提升效果。故障响应时间为故障发生到被成功检测的时间间隔。定时触发时间窗口长度设为 30 min,故障检测触发阈值 η_t 设为 0.2。

如图 10-17 所示,在引入故障检测触发机制后,针对四种故障类型,故障响应时间均有明显下降。其中,针对离群点故障与高噪声故障,故障响应时间小于 2 min。这是由于离群点故障与高噪声故障将导致下一时刻实际值严重偏离预期值,故障检测机制易被触发。对于偏移故障与固定值故障,因实际值与预期值往往差异并不明显,使得触发难度相对较大,导致故障响应时间变长。

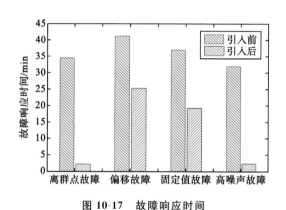

图 10-17 故障响应时间

10.2.5 故障诊断性能测试

测试对象为第 7 章所提的基于人工免疫理论的故障诊断算法,具体参数设置见表 10-11。选取人工神经网络诊断算法与支持向量机诊断算法作为对比算法,对比算法参数设置与表 10-11 一致。采用马闯[2]等所提工业无线传感器网络常见故障分类方法,将故障测试类型设为:传感单元故障、处理单元故障与通信单元故障。训练样本数据共计 3000 个,故障类型已知。在节点端模拟生成全新待测故障样本数据,具体步骤为:① 在预选节点缓存内植入

表 10-11 基于人工免疫理论的故障诊断算法参数设置

参 数	数 值
抗原分类阈值 θ_c	0.6
生存阈值 σ_b	0.65
抗体库体积	200
初始样本数量	30

20 个同一故障类型特征数据样本;② 节点采用遗传变异操作生成全新待测故障特征数据样本,且所属故障类型不变。针对每一种故障类型,均进行 40 次诊断测试。

1. 故障诊断精度测试

图 10-18 所示为输入不同数量训练样本数据后各算法的诊断性能差异。伴随输入训练样本数量的增多,三种算法的诊断精度均有一定程度增加。显然,训练样本数量的增多意味着对应于各个故障类型的特征知识库将更为完备,因此有更高概率来正确识别故障类型。当输入训练样本数量较少时,本书第 7 章所提的基于人工免疫理论的故障诊断算法与支持向量机诊断算法的诊断精度明显高于人工神经网络诊断算法。这是因为本书论述的诊断算法借助抗原分类与抗体库训练操作,能够确保抗体库在初始样本集不足的情形下仍可充分吸收不同类别的故障特征知识。而支持向量机的诊断算法通

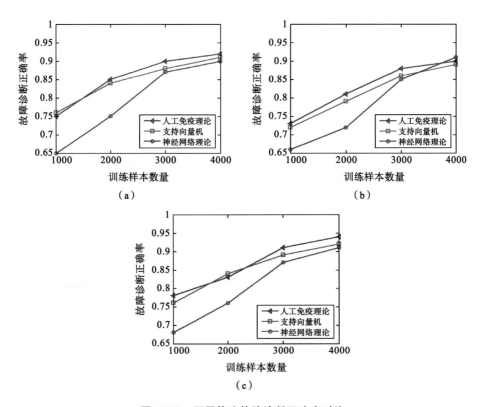

图 10-18　不同算法故障诊断正确率对比

(a) 传感单元故障;(b) 处理单元故障;(c) 通信单元故障

过将低维向量映射至高维空间,使算法在初始样本集不足等情形下仍具有良好的故障检测精度。当输入训练样本数量较多时,三种算法均具有较好的诊断精度。

2. 故障诊断耗时测试

在该测试环节,使用同一节点连续生成不同数量的待测故障特征数据样本,其中各个故障类型所占的份额一致。在服务器端,观察输出全部诊断结果所需的时间,将输入训练样本数量设为 3000。

如图 10-19 所示,在输入相同数量待测样本的前提下,本书第 7 章所提的基于人工免疫理论的故障诊断算法耗时最短。人工神经网络诊断算法与支持向量机诊断算法因训练函数或核函数构造复杂,且通常涉及高维度矩阵运算,算法复杂度较高,所需诊断耗时较长。而本书论述的算法在故障诊断过程中仅涉及不同特征向量之间的改进欧式距离运算,算法复杂度相对较低,能够更好地满足工业无线传感器网络对于低时延诊断的性能要求。

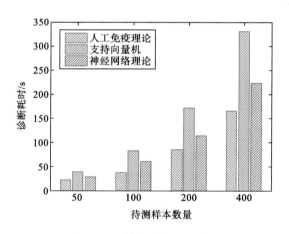

图 10-19 算法诊断耗时对比

10.3 本章小结

在本章中,选择典型工业场景——流水生产线作为部署环境,搭建了工业无线传感器网络系统,测试所提理论方法的实际性能。经实际验证,所提出的理论方法能够有效地提升实际工业无线传感器网络系统的抗毁性能。

本章参考文献

［1］ 吴中博,王敏,吴钊,等. 基于分簇的传感器网络异常检测算法[J]. 华中科技大学学报(自然科学版),2013,41(S2):251-254.

［2］ 马闯,刘宏伟,左德承,等. 无线传感器网络的层次化故障模型[J]. 清华大学学报（自然科学版）,2011,51(S1):1418-1423.